W0180607

Mobbing

Dr. Christian Stock

Inhalt

Vorwort

Seelische Gewalt gibt es in unterschiedlichen Ausprägungen seit jeher in allen Gesellschaften: Schwächere werden von Stärkeren gequält und schikaniert. Nur: Forschungen zeigen, dass dieses Phänomen in unserer Arbeitswelt in den letzten Jahren zugenommen hat – und wir bezeichnen es heute mit dem Begriff „Mobbing". Sicherlich begünstigen die Arbeits- und Lebensbedingungen in der modernen, globalisierten Industriegesellschaft Mobbing mehr als früher. Gleichzeitig haben uns Forschungen und Veröffentlichungen seit den 1990er-Jahren für das Thema sensibilisiert.

Aber: Ist jetzt jegliche Kritik und jeder Druck, denen ein Arbeitnehmer ausgesetzt wird, Mobbing? Diese und andere Fragen beantworte ich auf den folgenden Seiten. Dieser TaschenGuide ist deshalb ein Leitfaden für Betroffene, Kollegen und Führungskräfte:

Ich zeige Ihnen, was eigentlich Mobbing genau ausmacht und was es z.B. von einem schlechten Betriebsklima oder „ganz normalen" Konflikten unterscheidet. Sie werden die Ursachen für Mobbing kennenlernen und natürlich die Gegenmaßnahmen: alles, was Sie als Betroffener (aber auch als Kollege oder Vorgesetzter eines Mobbingopfers) tun können, um das Mobbing zu beenden.

Dr. Christian Stock

Woran erkennen Sie Mobbinghandlungen?

Was ist Mobbing eigentlich? Genügt es schon, dass jemand von Kollegen ab und gehänselt wird oder vom Chef unangenehme Aufgaben übertragen bekommt? Oder ist Mobbing mehr als das?

In diesem Kapitel lesen Sie,

- worin sich Mobbing von normalen Konflikten oder einem schlechten Betriebsklima unterscheidet (ab S. 6),
- welche direkten und indirekten Mobbinghandlungen es gibt (ab S. 12).

Mobbing – mehr als Konflikte und schlechtes Betriebsklima

Der Begriff „Mobbing" scheint zu einem Modewort geworden zu sein. Fast alle zwischenmenschlichen Schwierigkeiten in der Arbeitswelt werden inzwischen mit diesem Begriff umschrieben.

Beispiele

Ein Vorgesetzter äußert sich auffallend oft kritisch über die Arbeitsleistung von Herrn S. Er wirft ihm sehr oft vor, „alles falsch zu machen". Zunächst versucht Herr S. noch auf die Kritik einzugehen. Aber so sehr er sich auch anstrengt, er kann es seinem Chef nicht recht machen. Die Situation zieht sich über mehrere Monate hin. Bei dem früheren Chef von Herrn S. war das anders. Dieser war immer zufrieden mit seiner Leistung.

Frau P. wird in ihrem Team von den Kolleginnen wie Luft behandelt und geschnitten. Wenn sie den Raum verlässt, wird hinter ihrem Rücken über sie getuschelt und getratscht. Auch hat sie den Eindruck, es würden Gerüchte über sie verbreitet. Die Lage spitzt sich immer mehr zu. Irgendwann lehnen die Mitglieder des Teams eine weitere Zusammenarbeit mit Frau P. ab.

Sind diese Handlungen Mobbing? Zweifellos werden hier Personen bei der Arbeit schikaniert, angegriffen oder sozial ausgegrenzt, wird die Ausführung ihrer Arbeitsaufgaben negativ beeinflusst. Um solche Angriffe aber als Mobbing bezeichnen zu können, müssen sie

- wiederholt,
- regelmäßig (z. B. wöchentlich) und,

- über einen längeren Zeitraum (z. B. sechs Monate) hinweg erfolgen sowie
- irgendwann zu einer Eskalation führen und
- den Betroffenen nach anfänglichem Widerstand in eine unterlegene Position bringen (sofern er sich nicht schon von Anfang an darin befand).

In diesem Sinne kann es sich bei den obigen Beispielen durchaus um Mobbing handeln. Wir kennen zwar nicht die konkreten Gründe für das Verhalten, das der Chef von Herrn S. und die Kolleginnen von Frau P. an den Tag legen. Ein normaler kollegialer Umgang unter Kollegen am Arbeitsplatz liegt aber sicherlich nicht vor. Der deutschstämmige Psychologe Heinz Leymann (der später in Skandinavien forschte) hat den Begriff Mobbing bereits 1993 geprägt. Von ihm stammt auch die Einteilung der Mobbinghandlungen in fünf Kategorien, die ich ab S. 13 schildere. Obwohl der Begriff von dem englischen Wort „to mob" (in der Bedeutung „herfallen über, sich stürzen auf") abgeleitet ist, wird im angelsächsischen Sprachraum übrigens meistens ein anderer Begriff benutzt, nämlich „Bullying".

Abgrenzung zu Konflikten

Wenn es sich um einen isolierten Vorfall handelt (also keine Systematik erkennbar ist) und wenn beide Streitparteien gleich stark sind, liegt ein herkömmlicher Konflikt vor. Meinungsverschiedenheiten, vorübergehende Streitereien oder Auseinandersetzungen, die wieder beigelegt werden, gelten im Arbeitsleben als normal und daher nicht als Mobbing. Es wird allgemein erwartet, dass sich Frust oder Unmut immer mal wieder in Form eines „reinigenden Gewitters" entlädt.

Beispiel

 Herr G. und Frau M. haben eine inhaltliche Auseinandersetzung über die richtige Vorgehensweise bei einem Projekt. Beide vertreten sehr gegensätzliche Standpunkte. Während einer Besprechung kommt es deshalb zum Streit. Herr G. wirft Frau M. fachliche Inkompetenz vor, während Frau M. Herrn G. bezichtigt, das Team zu spalten. Die Sitzung wird abgebrochen und ein neuer Termin vereinbart. Herr G. und Frau M. sind daraufhin mehrere Tage „gekränkt" und gehen kühl miteinander um. Beide haben in der Vergangenheit aber immer gut zusammengearbeitet. Es finden vermittelnde Gespräche mit verschiedenen anderen Kollegen und Vorgesetzten statt. Schließlich beruhigen sich beide Seiten wieder und vertragen sich. Im Nachhinein stellt sich heraus, dass es gut war, die unterschiedlichen Standpunkte zur Sprache zu bringen und sie nicht zu unterdrücken. Herr G. und Frau M. arbeiten jetzt wieder konstruktiv zusammen, respektieren aber ihre gegensätzlichen Meinungen.

Man sagt, dass Konflikte auch ihre guten Seiten haben, da sie dazu beitragen, unterschiedliche Interessen und Standpunkte zu klären. Im günstigsten Fall verbessern sich dadurch die Beziehungen sogar erheblich, man spricht dann von einer konstruktiven Streitkultur. Ob zwei Konfliktparteien gleich stark sind, ist schon schwieriger zu beurteilen. Auch wenn man auf derselben Hierarchieebene steht und somit scheinbar gleich stark ist, kann man dennoch unterlegen sein, etwa wenn der Gegner über mehr Erfahrung und Wissen verfügt oder von einer höheren Dienstebene gedeckt wird.

Viele Führungskräfte glauben fälschlicherweise, dass die Streitparteien ihre Konflikte eigenständig regeln könnten, da sie ja erwachsen seien. Ein harmloser Konflikt kann aber schnell in destruktives Verhalten umschlagen – dann will vielleicht eine der beiden Parteien gar nicht mehr den Standpunkt der anderen verstehen, und diese weigert sich womöglich ebenfalls, ein Minimum an Mitgefühl und Verständnis für ihr Gegenüber aufzubringen. Konflikte sollte man daher auf keinen Fall bagatellisieren, denn es besteht immer die Gefahr, dass sie irgendwann eskalieren.

> Mobbing ist immer ein Konflikt, aber nicht bei jedem Konflikt liegt auch automatisch Mobbing vor.

Schadet der Begriff Mobbing dem Betriebsfrieden?

Es gibt auch Kritiker des Mobbingbegriffs, die finden, dass er überstrapaziert und zu leichtfertig verwendet wird. Manche Arbeitgeber befürchten z. B., dass sie nun niemanden mehr disziplinieren dürfen. Jedes Verhalten eines Vorgesetzten wie Kritik, Ermahnungen oder Anweisungen könnte schließlich zum Mobbing erklärt werden. Betriebsräte könnten mit allen möglichen Beschwerden und Bagatellen überschwemmt werden. Kleinere Gemeinheiten, Kränkungen, Konflikte und Kollegenscherze, die vorher stillschweigend hingenommen wurden, wären nun Mobbing und würden dadurch unnötig aufgebauscht. Und könnte nicht im schlimmsten Fall Mobbing sogar vorgetäuscht werden, um jemandem zu schaden?

Kurzum: Kommt es nicht zu einem Bumerangeffekt, wenn man zu unkritisch mit dem Begriff umgeht? Einige dieser Einwände sind tatsächlich diskussionswürdig, andere lassen eher auf Verdrängungsstrategien oder unbegründete Ängste schließen. Es lohnt sich daher, genau hinzusehen. Die nächsten Seiten werden Ihre Sensibilität für das Thema schärfen.

Zur Häufigkeit von Mobbing

Naturgemäß lässt sich die Verbreitung von Mobbing schwer erfassen und nur grob schätzen. Dennoch sind die Zahlen beunruhigend. Deutsche Studien kamen auf eine Mobbinghäufigkeit von 2,7–2,9%, europäische Studien ergaben Mittelwerte von 1–4%. Selbst bei einer Quote von 2,7% in Deutschland kommt man bei geschätzt 39 Millionen Berufstätigen auf rund 1 Millionen Personen! Bereiche, die besonders von Mobbing betroffen zu sein scheinen, sind das Gesundheitswesen, das Erziehungswesen, die öffentliche Verwaltung und das Kreditwesen. Untersuchungen zeigen aber, dass es letztlich keine „mobbingfreie" Zone gibt. Das Phänomen Mobbing zieht sich durch alle Berufsgruppen, Branchen und Betriebsgrößen sowie Hierarchiestufen und Tätigkeitsniveaus.

Geschlechtsspezifisches Mobbing?

Sind Frauen häufiger von Mobbing betroffen als Männer? Zunächst einmal hat es den Anschein. Nach Auskunft des deutschen Mobbing-Reports von 2002 (der bisher einzigen landesweiten Untersuchung dieser Art) waren Frauen sowie jüngere Berufstätige bis zu 25 Jahren, darunter vor allem Auszubildende, besonders gefährdet. Weibliche Beschäftigte waren demnach mit 3,5% deutlich häufiger von Mobbing betroffen als ihre männlichen Kollegen (2,0%). Ihr Mobbingrisiko lag also deutlich höher als dasjenige der Männer. Zunächst vermutete man, dass dies in der Sozialisation von Frauen begründet sei. Demnach träten sie weniger selbstbewusst auf und gingen Konflikten eher aus dem Weg. Aus der Stressforschung weiß man aber, dass Frauen eher bereit sind, sich zu gesundheitlichen Themen zu äußern und zuzugeben, dass sie einer Situation hilflos gegenüberstehen. Folglich nehmen Frauen tendenziell eher an Mobbinguntersuchungen teil.

Gerne wird in diesem Zusammenhang die Zahl zitiert, dass fast 60% aller Opfer (männlich und weiblich) von einem Mann gemobbt werden, während rund 40% hauptsächlich von einer Frau gemobbt werden. Dies hat man u. a. durch die höhere Anzahl der männlichen Erwerbstätigen (Erwerbsquote) erklärt. Schlüsselt man die Zahlen weiter auf, kommt man zu folgendem Ergebnis: 81,7% der Männer werden von anderen Männern gemobbt und 57,3% der Frauen von anderen Frauen. Bei beiden Geschlechtern geht also die Gefahr, gemobbt zu werden, vor allem von den eigenen Geschlechtsgenossen aus.

Die hierarchische Stellung der Mobber

Sind es vor allem Kollegen oder Vorgesetzte, die mobben? Im Mobbing-Report waren die Angreifer:

- zu 38% nur der Vorgesetzte („Bossing")
- zu 13% Vorgesetzte und Kollegen
- zu 22% nur ein Kollege
- zu 20% eine Gruppe von Kollegen
- zu 2% nur Untergebene

In der Hälfte (anderen Studien zufolge sogar in bis zu 70%) der Fälle sind Vorgesetzte am Mobbing beteiligt. Unter diesen ist der Anteil direkter Vorgesetzter doppelt so hoch wie der Anteil indirekter Vorgesetzter. Allerdings sind in mehr als der Hälfte der Fälle Kollegen am Mobbing beteiligt. Mobbing „von unten" hat mit durchschnittlich 2% aller Fälle Seltenheitswert, eine Ausnahme bilden hier nur die Beamten (11%).

> Je niedriger die hierarchische Position, desto wahrscheinlicher ist Mobbing durch Kollegen. Je höher die hierarchische Position, desto wahrscheinlicher ist Mobbing durch Vorgesetzte.

Angriffe im kommunikativen Bereich

Menschen brauchen Kommunikation, um sich mit anderen auszutauschen und als Grundlage ihrer Zusammenarbeit. Kommunikation geschieht nicht nur verbal, sondern auch nonverbal: durch Gestik, Mimik, Blicke und Andeutungen.

Beispiel

 Herr M. wird seit einiger Zeit in den Teamsitzungen öfter unterbrochen. Sein Kollege K. schneidet ihm einfach das Wort ab. Herr M. wurde zudem aus einigen E-Mail-Verteilern herausgenommen. Ihm fehlen dadurch wichtige Informationen, ohne die er nicht mehr auf dem neuesten Stand ist. Umgekehrt gelangen wichtige Informationen von seiner Seite nicht mehr ins Team. Selbst die Arbeitsabläufe werden dadurch behindert. Zur Verwunderung von Herrn M. wird dies offensichtlich in Kauf genommen.

Seine Versuche, das Problem anzusprechen, werden ignoriert – alles sei „in Ordnung". Auch nonverbal bekommt Herr M. die Ablehnung durch abwertende Blicke, Gesten und Andeutungen zu spüren. Viele Kollegen, mit denen Herr M. früher gut auskam, hüllen sich neuerdings in Schweigen.

Herr M. erlebt im Verlauf Kontaktverweigerung und doppeldeutige Kommunikation: Auf der verbalen Ebene versucht man ihn zu beschwichtigen, aber nonverbal „spürt" er, dass etwas nicht stimmt. Dieses widersprüchliche Verhalten verunsichert Herrn M. War es ein Versehen, dass er bestimmte E-Mails nicht erhielt, oder Absicht? Wäre es nicht sogar besser, wenn er direkt angegriffen würde, z. B. durch offene Kritik oder gar Drohungen? Dann wüsste er wenigstens, woran er ist. Konfliktorientierte und ehrliche Gespräche darf Herr M. aber nicht führen. Er hat nicht mehr die Kontrolle darüber, was gesagt wird und von wem. Das nagt an seinem Selbstwertgefühl. Ganz gleich wie Herr M. reagiert, es scheint falsch zu sein. Er kann nicht gewinnen.

Übersicht: Angriffe auf kommunikative Möglichkeiten

Der Vorgesetzte oder Kollegen

- unterbrechen den Betroffenen ständig oder lassen ihn nicht zu Wort kommen.
- bedrohen ihn mündlich oder schriftlich.
- kritisieren ständig seine Arbeitsleistung.
- schreien ihn an und beschimpfen ihn.
- verweigern indirekt oder direkt den Kontakt mit ihm.

Angriffe auf die zwischenmenschlichen Beziehungen

Menschen sind soziale Wesen. Je mehr Unterstützung wir erhalten, desto mehr Stress können wir bewältigen. Wenn wir uns mit Arbeitskollegen und Vorgesetzten gut verstehen, können wir eine Menge aushalten. Mobbingangriffe zielen daher darauf ab, das soziale Netz eines Mitarbeiters zu zerstören. Wer keinen Rückhalt mehr im Kollegium findet, ist verunsichert und isoliert. Isolation hält niemand lange aus.

Beispiel

Frau S. hatte sich bisher immer gut mit ihren Kolleginnen verstanden. Neuerdings setzten sich aber zwei der alten Kolleginnen in der Mittagspause an einen anderen Tisch, und zum Frühstück ging man schon lange nicht mehr gemeinsam. Irgendwie hatte Frau S. das Gefühl, dass man sie „schnitt" und wie Luft behandelte. Dann wurde Frau S. noch in ein anderes

> Büro versetzt. Ihr Vorgesetzter meinte es scheinbar gut und gab
> an, er wolle „den Konflikt begrenzen". Durch die Isolation wurde
> aber alles noch schlimmer. Frau S. verstand auch nicht genau,
> welchen Konflikt ihr Vorgesetzter eigentlich meinte.

Frau S. wird von ihren Mitarbeitern isoliert. Sie verliert dadurch den Rückhalt und die soziale Unterstützung ihres Teams. Sie gehört nun nicht mehr dazu und ist ausgegrenzt. Der Übergang zu den im vorigen Abschnitt beschriebenen Einschränkungen ist fließend und zeigt Überlappungen. Wer isoliert wird, kann nicht mehr kommunizieren. Und wer nicht mehr kommuniziert, gerät automatisch in die Isolation.

Doch ist es nicht sinnvoll, allzu engen Beziehungen am Arbeitsplatz einen Riegel vorzuschieben? Manche Experten behaupten, dass Kollegen, die sich zu gut verstehen, schlechter steuerbar sind. Zum Teil stimmt das: Ein über Jahre gewachsenes Kollegium, welches Höhen und Tiefen miteinander durchlebt hat, lässt sich nicht alles vorschreiben. Manche Führungskräfte befürchten, dass sich dadurch Schlendrian breitmachen könnte. Sie vertreten daher den Standpunkt, man müsse Teammitglieder gegeneinander ausspielen, damit sich keine starke Solidarität entwickelt. In sehr großen Betrieben mit relativer Anonymität lassen sich Mitarbeiter recht gut isolieren und damit ausschalten. Es fällt kaum auf. In kleinen Firmen mit wenigen Beschäftigten ist das weitaus schwieriger: Dort herrscht meistens eine eher familiäre Atmosphäre.

Übersicht: Angriffe auf zwischenmenschliche Beziehungen

- Vorgesetzte und Kollegen sprechen nicht mehr mit dem Betroffenen und er lässt sich nicht ansprechen.

- Vorgesetzte und Kollegen schneiden ihn und behandeln ihn wie Luft.

- Die Geschäftsleitung untersagt dem Kollegium, mit dem Betroffenen zu kommunizieren.

- Die räumliche Nähe mit dem Betroffenen wird gemieden, eventuell wird er in ein anderes Büro oder an einen anderen Arbeitsplatz versetzt.

Angriffe auf das soziale Ansehen

Wer Fleiß, Kollegialität, Humor und zusätzlich noch entsprechendes Fachwissen besitzt, ist beliebt und genießt Ansehen in einem Team und einer Firma. Durch dieses Ansehen steigt auch das Selbstwertgefühl und das Selbstvertrauen einer Person. Insofern sind Angriffe dieser Kategorie eine konsequente Fortsetzung der bisherigen Mobbinghandlungen. Wird das Ansehen eines Menschen angegriffen, in Frage gestellt und demontiert, wird er verunsichert und sein Selbstvertrauen untergraben. Steht z. B. im Raum, dass ein Mitarbeiter psychisch krank ist oder dass er Standpunkte vertritt, die nicht mit der Gruppennorm übereinstimmen, dann besteht die Gefahr, dass sich andere von ihm zurückziehen.

Beispiel

 Frau G. merkte, dass hinter ihrem Rücken über sie geredet wurde. Man machte sich über sie lustig. Eine besonders gehässige Kollegin imitierte ihre Mimik und Gestik und ihre Art zu sprechen. Wegen ihrer längeren Krankschreibung hatte jemand das Gerücht in die Welt gesetzt, dass sie psychisch krank sei. Ihre Eheprobleme hatten sich offenbar auch herumgesprochen. Ein männlicher Kollege machte sogar anzügliche Bemerkungen. Auch ihre Zugehörigkeit zu einer kirchlichen Vereinigung wurde lächerlich gemacht. Zum „Beten" solle sie doch gefälligst in die Kirche gehen.

Das Beispiel verdeutlicht, dass sich die Angriffe vor allem auf vermeintliche oder echte Schwächen des Betroffenen beziehen. Das ursprünglich positive Ansehen eines Menschen wird ins Negative verkehrt, statt seiner Stärken werden nun seine angeblichen Schwächen herausgestellt. Ziel ist es, den ehemals guten Ruf einer Person ins Wanken zu bringen. Frau G. mag ja einmal eine gute Mitarbeiterin gewesen sein, jetzt verdichten sich aber die Hinweise darauf, dass sie es nicht mehr ist.

Übersicht: Angriffe auf das soziale Ansehen

Vorgesetzte und Kollegen

- machen den Betroffenen hinter seinem Rücken schlecht.
- verbreiten Gerüchte.
- machen ihn lächerlich oder beleidigen ihn.
- verdächtigen ihn, psychisch krank zu sein.
- machen sich über seine Behinderung lustig.

- imitieren seinen Gang, seine Stimme oder seine Gesten.
- greifen seine politische oder religiöse Überzeugung an.
- machen sich über sein Privatleben lustig.
- machen sich über seine Nationalität lustig.
- beurteilen Arbeitsleistungen in falscher oder kränkender Weise.

Angriffe auf die Qualität der Berufs- und Lebenssituation

In den westlichen Industriegesellschaften definiert man sich vor allem über die Arbeit. Die gesellschaftliche Bedeutung der Familie ist dagegen stark in den Hintergrund getreten. Somit ist man über die Arbeit auch am ehesten angreifbar. Von der beruflichen Situation hängt meistens auch die wirtschaftliche Existenz ab. Die wenigsten von uns arbeiten nur zum Vergnügen. Wenn das Selbstvertrauen angegriffen wird, wie oben beschrieben, kann der Betroffene sich nur noch schlecht wehren und behaupten. Wird dann die Existenzgrundlage der Arbeit in Frage gestellt und zusätzlich die Kommunikation unterbunden, die den Konflikt lösen könnte, dann bleibt kaum noch ein Ausweg. Die Eskalation ist vorprogrammiert.

Beispiel

 Herr W. war früher Projektleiter. Nun bekommt er auf einmal immer weniger Aufgaben zugewiesen, die seiner Qualifikation entsprechen. In einem Gespräch wird ihm vorgeschlagen, von seiner Leitungsfunktion zurückzutreten. Er erwecke den Eindruck, nicht mehr so belastbar zu sein. Nachdem Herr W. protestiert, werden ihm mehrere zusätzliche Aufgabenbereiche zugewiesen, in denen er sich aber nur wenig auskennt. Nach kurzer Zeit ist er tatsächlich überfordert. Dies wird ihm dann wiederum vorgeworfen. Schließlich bietet man ihm einen Auflösungsvertrag mit einer Abfindung an, da er die geforderten Leistungen nicht mehr erbringen könne. Herr W. lässt sich daraufhin krankschreiben.

Im Fall von Herrn W. kommt nun eine neue Dimension hinzu. Die persönlichen Beziehungen zu seinen Kollegen sind ihm vielleicht nicht so wichtig, dafür bedeutet ihm seine Arbeit umso mehr. Herr W. arbeitet gerne und definiert sich über seine Tätigkeit. Wenn man ihm also seine Arbeit wegnimmt oder sie qualitativ und/oder quantitativ verändert, greift man ihn auf einer ganz existentiellen Ebene an.

Viele vom Mobbing Betroffene verbleiben nur aus Sicherheitserwägungen in ihrer oft unerträglichen Situation. Wenn die wirtschaftliche Existenz auf dem Spiel steht, nimmt der Betroffene vieles in Kauf. Insofern wirken sich die Mobbinghandlungen auf die gesamte Lebenssituation aus.

Mobbing im Freizeitbereich ist hingegen deutlich weniger belastend. Bei der politischen Arbeit oder im Verein kann man besser ausweichen und Differenzen wirken sich kaum auf die Arbeit aus. Hingegen wirkt Mobbing am Arbeitsplatz durch die Dominanz des Arbeitslebens oft in das Familienleben hinein, das spürbar beeinträchtigt wird.

Übersicht: Angriffe auf die Berufs- und Lebenssituation

- Die Vorgesetzten weisen dem Betroffenen keine Arbeitsaufgaben mehr zu.

- Im Extremfall wird ihm jegliche Beschäftigung am Arbeitsplatz genommen.

- Die zugewiesenen Arbeiten sind sinnlos, unter Niveau oder erniedrigend und kränkend.

- Die zugewiesenen Aufgaben überfordern und liegen über Niveau, sodass sie nicht bewältigt werden können.

- Die zugewiesene Arbeit ist ständig neu und/oder zu viel.

Angriffe auf die Gesundheit

Letztendlich stellt jede Mobbinghandlung natürlich einen Angriff auf die Gesundheit dar. Mobbing ist ein erheblicher Stressor, der sich negativ auf das körperliche und insbesondere das seelische Befinden auswirkt. Wenn jemand über einen langen Zeitraum hinweg sozial isoliert und daran gehindert wird, seinen Beruf auszuüben, wenn jemand unter ständiger Angst vor erneuten Mobbinghandlungen lebt, dann leidet zwangsläufig auch die Gesundheit. Aber es gibt auch spezifische Mobbinghandlungen, die gezielte Angriffe auf die Gesundheit darstellen.

Beispiel

 Herr K. arbeitet im Straßenbau. Dort geht es schon mal etwas rauer zu. In einer Baugrube steht Flüssigkeit. Kollegen schalten die Pumpe aus und lassen Herrn K. mit nassen Füßen weiterarbeiten. Hinterher behaupten sie, man habe nichts bemerkt. Die Rückenprobleme von Herrn K. sind schon lange bekannt. Trotz seines Bandscheibenvorfalls wird er häufig zu rückenbelastenden Tätigkeiten eingeteilt. Seine Proteste werden ignoriert. Einmal wird ein schweres Werkzeug in seine Richtung fallen gelassen. Wenn es ihn getroffen hätte, wäre eine erhebliche Verletzung eingetreten, die mutwillig in Kauf genommen wird. Dies sei ein Versehen gewesen und nicht mit Absicht geschehen, sagen die Kollegen hinterher dem Vorgesetzten. Der ist hilflos und mit der Situation überfordert. Die Kollegen sollen das unter sich ausmachen. Sie seien schließlich erwachsen.

Während in den Bereichen Kommunikation und soziale Beziehungen durchaus indirekt gemobbt werden kann, etwa durch das Verbreiten von Gerüchten, sind die Angriffe in diesem Bereich direkter. Im Beispiel werden zusätzlich gesundheitliche Schwachstellen ausgenutzt, um den Betroffenen zu benachteiligen: Er wird bewusst zu einer Tätigkeit gezwungen, die ihm schadet. Aus Angst um seinen Arbeitsplatz und um keine Schwäche zu zeigen, lässt sich Herr K. das zunächst gefallen. Auch wird versucht, ihn mit einem Werkzeug zu verletzen, was bereits eine Straftat wäre. Im Nachhinein lassen sich derartige Angriffe aber nur schwer nachweisen.

Übersicht: Angriffe auf die Gesundheit

- Zwang zu gesundheitsschädlichem Arbeiten

- Androhung körperlicher Gewalt

- Anwendung „leichter" Gewalt (Denkzettel)

- Reale körperliche Misshandlung, z. B. Schläge oder sonstige Verletzung

- Beschädigung von privatem Besitz (Wohnung, Auto, Haus) oder Arbeitsutensilien des Betroffenen, um ihn emotional einzuschüchtern, zu verunsichern oder körperlich zu gefährden (z. B. durch platten Autoreifen)

- Sexuelle Handgreiflichkeiten und Belästigungen

Diese Aufzählung möglicher Angriffe ist nicht vollständig und der Kreativität der Mobber sind keine Grenzen gesetzt. Die meisten Mobbinghandlungen lassen sich aber einer der beschriebenen Kategorien zuordnen, und die meisten Betroffenen erleben eine Kombination einzelner Handlungen.

Am häufigsten werden Handlungen verübt, die sich negativ auf das soziale Ansehen einer Person auswirken. Dazu gehört insbesondere das Streuen von Gerüchten. Ebenfalls beliebt sind Mobbinghandlungen, welche die fachliche Kompetenz sowie die Leistungs- und Einsatzbereitschaft des Betroffenen in Frage stellen. Dann folgt die Verweigerung von Informationen und zuletzt Ausgrenzung und Isolierung.

Moderne Form: Cyber–Mobbing

Wenn jemand ohne seine Einwilligung mit Hilfe von Bild- und Videoveröffentlichungen, E-Mails, Chatrooms und SMS fortgesetzt verleumdet, bedroht oder belästigt wird, spricht man von „Cyber-Mobbing". Häufig sind Lehrer und Schüler davon betroffen.

Beispiel

 Unbekannte haben den Schüler Peter W. in einer peinlichen Situation per Handy gefilmt und das Video ins Internet gestellt (Youtube). Freunde entdecken es und informieren ihn. In der Klasse kennen schon alle das Video und machen sich über Peter lustig, was ihn beschämt. Dabei bleibt es aber nicht. Bei Facebook entdeckt Peter mehrere Verleumdungen über sich, die schwer zurückzuverfolgen sind. Ein Teil der Mitschüler glaubt die Gerüchte und zieht sich von Peter zurück. Er erhält außerdem laufend E-Mails, in denen er bedroht wird und deren Ursprung sich nicht ermitteln lässt. Peter sind diese Angriffe langsam unheimlich und er bekommt Angst.

Bei Mobbing über Internetseiten wie Youtube und Facebook oder elektronische Kommunikationsmittel wie Handys handelt sich um ein relativ neues Phänomen. Die Täter sind vorwiegend männlich und zwischen elf und 20 Jahren alt. Inhalte im Internet lassen sich schlecht kontrollieren und sind sehr schnell verbreitet. Die Täter sind zudem schwer zu ermitteln und können oft anonym bleiben. Die häufigsten Mobbingformen sind Beleidigungen und das Verbreiten von Gerüchten. Manche Schulen reagieren darauf schon mit Nutzungsverboten von Handys und Handykameras im Unterricht und in der Pause sowie mit entsprechenden Verhaltenscodizes.

Mit zunehmender Nutzung der modernen Medien wird das Internet noch stärker zur Plattform, die neue Formen von Mobbing ermöglicht und neue Schutzmaßnahmen erfordert.

Auf einen Blick: Mobbinghandlungen

- Mobbing ist eine zielgerichtete Handlung, die den Ausschluss einer Person aus der Arbeitswelt zum Ziel hat.

- Als Mobbing gelten Handlungen, die wiederholt (z. B. einmal pro Woche), über einen längeren Zeitraum (z. B. sechs Monate) hinweg und systematisch erfolgen.

- Mobbinghandlungen greifen u. a. die Kommunikation, die Arbeitssituation, die Arbeitsbeziehungen untereinander und/oder das Ansehen der Person in der Gesellschaft an.

- Mobbing schädigt direkt und indirekt die Gesundheit.

- Mobbing ist schwer messbar, weil es oft verdeckt geschieht.

- Mobbing dauert im Durchschnitt 15 bis 18 Monate, kann sich im Extremfall aber über mehrere Jahre hinziehen.

Wie entsteht Mobbing und wozu führt es?

Mobbing entsteht durch eine Mischung aus inneren und äußeren Faktoren. Das heißt: Bestimmte Charaktereigenschaften sowohl beim Täter als auch beim Opfer treffen ungünstig zusammen. Wenn noch erschwerende Rahmenbedingungen im Betrieb hinzukommen, besteht ein idealer Nährboden.

In diesem Kapitel lesen Sie,

- welche Persönlichkeitsfaktoren die Gefahr erhöhen, gemobbt zu werden (ab S. 26),
- welche Rahmenbedingungen im Betrieb zum Mobbing beitragen (ab S. 31),
- welche sozialen und gesellschaftlichen Faktoren eine Rolle spielen (ab S. 35),
- was einen Mobbingtäter antreibt (ab S. 37),
- wie ein Mobbingprozess in den meisten Fällen abläuft (ab S. 44).

Was der Betroffene selbst beiträgt

Mobbing lässt sich nicht immer allein auf die Rahmenbedingungen zurückführen. Auch die Wesensart eines Menschen oder ein Außenseiterstatus können ihn zur Zielscheibe machen. Eine umstrittene Frage in diesem Zusammenhang ist, ob es so etwas wie eine „Mobbingpersönlichkeit" gibt, d. h., ob ein Mensch mit einer geringen sozialen und kommunikativen Kompetenz die Mobbinghandlungen gleichsam herausfordert. Es scheint so, als gerieten bestimmte Menschen immer wieder in Mobbingsituationen, selbst in Teams, die als sehr tolerant gelten. Wenn diese Theorie stimmen würde, dann wären die Ursachen des Mobbings überwiegend nicht im Umfeld, sondern in der Person selbst zu suchen, weil diese sich z. B. nicht in eine Gruppe einfügen kann. Selbst wenn es solche Fälle geben sollte, dürfen sie aber natürlich nicht als Entschuldigung oder Rechtfertigung für Mobbing herhalten.

Ursache oder Wirkung?

Die Frage, inwiefern der Betroffene selbst zum Mobbing beiträgt, polarisiert erheblich, weil dem Opfer dadurch sozusagen eine Mitschuld gegeben wird. Kritiker dieser Sichtweise sagen, dass sich erst durch die Mobbinghandlungen eine Persönlichkeitsveränderung einstellt. Schließlich wird das Selbstwertgefühl eines Mobbingopfers ja erheblich demontiert. Das bedeutet aber, dass die betreffende Person vorher einigermaßen ausgeglichen war und erst durch den Ausgrenzungsprozess psychische und psychosomatische Symptome entwickelt hat. Dem stehen jedoch Untersuchungen entge-

gen, die schon im Vorfeld bestimmte Persönlichkeitseigenschaften wie eine erhöhte emotionale Instabilität und eine
erhöhte Gewissenhaftigkeit bei den Mobbingopfern feststel-
len. Eine erhöhte emotionale Instabilität geht demnach mit
mehr Ängstlichkeit und Unsicherheit einher, aber auch mit
überdurchschnittlichen Gesundheitssorgen und geringerer
Stressbewältigungskompetenz. Was aber kam zuerst – das Ei
oder die Henne? Die Ängstlichkeit und Zurückhaltung, die
zum Mobbing führte, weil sich die Person nicht entsprechend
wehrte? Oder hat der Betroffene erst nach dem Mobbing
Ängstlichkeit und Unsicherheit entwickelt, was natürlich
begreifbar wäre?

> Einige Persönlichkeitseigenschaften erhöhen die Wahrscheinlichkeit, zum
> Mobbingopfer zu werden. Keinesfalls dürfen solche Erkenntnisse aber da-
> zu führen, dass die Verantwortung für Mobbinghandlungen vom Täter
> zum Opfer verschoben wird.

Wer ist besonders gefährdet?

Risikofaktor Charaktereigenschaften

Personen, die sich in sozialen Situationen unsicher verhalten,
Konflikte zu spät wahrnehmen und Konflikte vermeiden,
laufen eher Gefahr, zum Mobbingopfer zu werden.

Dasselbe gilt für Menschen mit hoher Leistungsorientierung
und/oder hoher Gewissenhaftigkeit, die mit geringer Flexibili-
tät einhergeht. Oft stellen diese Menschen mit ihrem eigenen
Verhalten dasjenige von Kollegen und Vorgesetzten direkt
oder indirekt in Frage bzw. äußern berechtigte Kritik so, dass

sie von Kollegen und Vorgesetzten nicht akzeptiert, sondern als persönlicher Angriff verstanden wird.

Auch ein verstärktes Gerechtigkeitsbewusstsein kann zu ungewöhnlich langen Kämpfen führen. Wo sich kluge Strategen schon längst zurückgezogen hätten, beharren Gerechtigkeitsfanatiker vielleicht auf ihrer Position und verbeißen sich in einen Kampf, den sie nicht gewinnen können. Man hört dann Redewendungen wie „Es geht mir ums Prinzip" oder „Ich will der Gegenseite nicht die Genugtuung verschaffen, gewonnen zu haben."

Beispiele: Erhöhte „Opfergefahr"?

 Frau G. ist sehr gewissenhaft. Sie regt sich schnell auf, wenn ihre Kolleginnen nicht genauso ordentlich und übergenau arbeiten wie sie. Frau G.s Leistungsbereitschaft ist überdurchschnittlich. Sie gerät dadurch relativ schnell in eine Außenseiterposition in ihrer Abteilung und gilt als „Streberin". Als eine Kollegin einige Aufgaben mehrere Tage liegen lässt, kommt es zu einem heftigen Streit, bei dem schließlich der Abteilungsleiter einschreiten muss.

Frau K. wird seit einiger Zeit von einer Kollegin angegriffen. Der Streitpunkt sind Urlaubstage, über die man sich nicht einigen kann. Aus Prinzip und Gerechtigkeitsüberlegungen beharrt Frau K. auf ihrem Standpunkt. Auch nachdem eine Lösung angeboten wird, weicht sie nicht von ihrer ursprünglichen Überzeugung ab. Der Konflikt eskaliert.

Herr M. ist sehr leistungsstark und selbstbewusst. Er nimmt kein Blatt vor den Mund und legt sich auch mit Vorgesetzten an. Dabei ist er zum Teil rechthaberisch und dickköpfig. Oft widerspricht er seinem Abteilungsleiter. Einerseits scheint er Führungsstärke zu beweisen, andererseits fehlt es ihm an Kritikfähigkeit. So macht Herr M. sich langsam unbeliebt.

Natürlich ist es nicht auszuschließen, dass jemand, der am Arbeitsplatz häufiger in Konflikte gerät, in irgendeiner Form dazu beiträgt, Mobbingangriffe zu provozieren. Wer immer wieder in Schwierigkeiten gerät, kann aber natürlich auch durch negative Erfahrungen in der Vergangenheit so verunsichert worden sein, dass er sich deshalb übertrieben misstrauisch verhält und dadurch immer wieder neu aneckt – während jemand, der jahrzehntelang einen guten Ruf in einer Firma genoss, wohl kaum von heute auf morgen eine „Mobbingpersönlichkeit" entwickelt.

Risikofaktor Geschlechtszugehörigkeit und körperliche Eigenschaften

Es ist bekannt, dass Frauen in typischen Männerberufen Schwierigkeiten haben, sich Anerkennung zu verschaffen. Umgekehrt geht es Männern in typischen Frauenberufen nicht besser. Besonders oft werden auch Personen mit einer Behinderung oder einer auffälligen äußeren Erscheinung Opfer von Mobbing. Auch häufiges Kranksein oder Leistungsprobleme können die Gefahr von Mobbing erhöhen.

Beispiele: Öfter von Mobbing betroffen

Frau G. schielt sehr stark und hat eine Gehbehinderung. Sie ist deshalb zurückhaltend und unsicher. Als eine neue Kollegin ins Team kommt, entstehen Konflikte. Frau P. macht sich hinter Frau G.s Rücken lustig über sie und äfft sie vor den Kolleginnen nach.

Herr W. wollte immer schon Erzieher werden. Seine erste Stelle erhält er in einem Kindergarten, wo er der einzige Mann ist. Schon bald lassen ihn seine weiblichen Kolleginnen spüren, dass er dort unerwünscht ist. Nach einigen Wochen taucht das schlimme Gerücht auf, dass er pädophil sei. Herr W. lässt sich daraufhin krankschreiben.

Frau T. ist häufig krank. Die Zeiträume, in denen sie nicht zur Arbeit erscheint, werden immer länger. Die Kolleginnen müssen immer öfter ihre Arbeit mit übernehmen. Immer wenn man eine Vertretungskraft einstellen will, kommt Frau T. kurzfristig an ihren Arbeitsplatz zurück. Dann wiederholt sich die Situation. Zusätzlich beantragt Frau T. noch eine Kur. Nun kommt es zu heftigen Auseinandersetzungen mit dem Kollegium. Frau T. lässt sich daraufhin wieder krankschreiben und beschwert sich beim Betriebsrat, sie werde gemobbt.

Übersicht: Erhöhte Mobbinggefahr

- Persönlichkeitseigenschaften wie Ehrgeiz, Faulheit, Rücksichtslosigkeit, Konkurrenzstreben, Unsicherheit, Ängstlichkeit, Perfektionismus und Zwanghaftigkeit

- Häufiges Äußern von unerwünschter Kritik

- Eingeschränkte soziale Anpassungsfähigkeit (Teamfähigkeit)

- Auffällige äußere Erscheinung

- Außenseiterstatus in einer Gruppe (Hautfarbe, kulturelle oder nationale Identität, Geschlecht, Alter, Religion, sexuelle Identität)

- Männer in typischen Frauenberufen (z. B. Erzieher), Frauen in typischen Männerberufen (z. B. Bundeswehr)

- Krankheiten und Behinderungen

- Leistungsprobleme

Ursachen im Arbeitsumfeld

Die Arbeitswelt hat sich in den letzten Jahrzehnten stark verändert. In einem Klima der Unsicherheit sind Zukunftsängste an der Tagesordnung.

Veränderungen in der Arbeitswelt

Eine Karriere im Betrieb ist nicht mehr selbstverständlich, weil man keineswegs sicher sein kann, ob es die Firma in ein paar Jahren noch gibt. Betriebsaufspaltungen und Firmenfusionen führen zu immer schnelleren Veränderungen, eine Reorganisation oder Neustrukturierung löst Verteilungskämpfe aus. Befristete Arbeitsverhältnisse und der Einsatz von Leiharbeitern verändern die Beschäftigtenstruktur. Belegschaften wechseln ihre Zusammensetzung in immer kürzeren Abständen. Für den Prozess der betrieblichen Sozialisation bleibt damit immer weniger Zeit. Der erhöhte Druck, der auf der Arbeitswelt lastet, ist ein weiterer Nährboden für Mobbing.

Arbeitsbedingungen, die die Mobbinggefahr erhöhen

Ungünstige arbeitsorganisatorische Bedingungen führen zu einem schlechten Betriebsklima. Zusammen mit einer unsicheren wirtschaftlichen Situation bereitet dies wiederum den Boden für Mobbing. Umgekehrt kann ein schlechtes Betriebsklima natürlich auch die Folge von Mobbing sein, das in einem Betrieb mit ansonsten überwiegend guten Arbeitsbedingungen auftritt.

Welche spezifischen Arbeitsbedingungen erhöhen die Gefahr von Mobbing in einer Firma?

- Betriebspsychologen rechnen bei einem Großbetrieb mit einem Sozialisationszeitraum von ungefähr fünf Jahren. In dieser Zeit kann man sich an Schwächen und Eigenheiten eines Kollegen gewöhnen und lernen, sie zu akzeptieren. Wenn diese Zeit nicht zur Verfügung steht, entladen sich mögliche Ängste und Aggressionen auf der persönlichen Ebene.

- Viele Berufstätige sehen keine Alternative zu ihrer aktuellen Beschäftigung und halten daher an ihr fest. Sie haben schlicht Existenzängste. Wenn eine schlechte Atmosphäre herrscht und die Solidarität und Unterstützung von Kollegen fehlt, breitet sich Frustration aus und es werden Schuldige und Sündenböcke gesucht.

- Hoher Zeitdruck und unklare Aufgabenzuteilung führen dazu, dass Konflikte nicht angesprochen werden können und auch nicht gelöst werden.

- Mängel in der Arbeitsorganisation bzw. unklare Verantwortungsbereiche bewirken, dass man Verantwortung negieren kann („Ich bin nicht zuständig") und Fehler auf andere abwälzt („Herr M. ist Schuld").

- Führungskräfte sind im Umgang mit Konflikten oft nicht geschult und zum Teil überfordert. Mit der Übernahme einer Führungsposition sind nicht automatisch auch Kenntnisse in Menschenführung, Teamleitung und der optimalen Zusammensetzung von Arbeitsgruppen verbunden. Defizite im Führungsverhalten gelten als eine der Ursachen für das Entstehen von Mobbing.

- Eine weitere häufig genannte Ursache ist die fehlende Transparenz von Entscheidungen. Das geschieht nicht immer absichtlich. Oft können Personen im mittleren Management den Informations- und Veränderungswünschen der Beschäftigten gar nicht nachkommen, weil sie selbst nicht ausreichend informiert sind oder nur eingeschränkte Einflussmöglichkeiten haben. Es entsteht die sprichwörtliche „Sandwichposition".

Mobbing als Kündigungsstrategie

Es ist kein Geheimnis, dass Mobbing auch als Instrument zum Personalabbau genutzt wird. In diesem Fall wird es von der betreffenden Unternehmungsleitung geduldet, auch wenn dies schon aus rechtlichen Gründen niemals zugegeben würde.

Ältere Arbeitnehmer

Schätzungen besagen, dass nur ca. 50% aller deutschen Unternehmen Mitarbeiter über 50 Jahren beschäftigen. Es gibt in der Tagespresse zahlreiche Berichte über Menschen, die „zu alt" und „zu teuer" für ein Unternehmen geworden sind. Wenn jemand jahrzehntelang gute Arbeit geleistet hat und es auf einmal seinem Vorgesetzten nicht mehr recht machen kann, sollte man also hellhörig werden, denn es könnte ein solcher Fall vorliegen. Es ist jedoch oft schwierig, dies zweifelsfrei festzustellen, denn die Belastbarkeit des

Mitarbeiters könnte mit höherem Lebensalter tatsächlich abgenommen haben.

Beispiel: Mobbing von oben?

 Herr R. ist inzwischen 55 Jahre alt und damit der älteste Mitarbeiter in seiner Abteilung. Die jüngeren Kollegen können allesamt schneller als er mit dem Computer umgehen. Einige neue Aufgaben scheinen Herr R. zu überfordern. Für Außendiensteinsätze meldet er sich nur selten. Das überlässt er den Jüngeren. Er vertraut auf seine lange Berufs- und Lebenserfahrung, die ihm als unersetzlich und für die Firma sehr wichtig erscheint. Die jüngeren Mitarbeiter können seiner Meinung nach viel von ihm lernen. Umso mehr wundert sich Herr R., als ihm sein Vorgesetzter eine Abfindung anbietet und ihm Altersteilzeit vorschlägt.

Schwer loszuwerden?

Anstatt teure Abfindungen zu zahlen oder die Sozialverträglichkeit einer betrieblichen Kündigung zu prüfen, kann es vorkommen, dass ein Unternehmen auch andere Möglichkeiten prüft, einen Mitarbeiter loszuwerden. Dabei lohnt ein Blick auf die Perspektive der Firmenleitung. Wirtschaftsunternehmen stehen durch konkurrierende Firmen und Globalisierung unter Wettbewerbsdruck. Kosten müssen gesenkt werden, um auf dem Markt zu bestehen. Diesen Druck geben Vorgesetzte an ihre Mitarbeiter weiter. Das berechtigt sie natürlich nicht zu Mobbinghandlungen. Oft sind es gerade die rechtlichen Schutzmechanismen, die das Mobbing herausfordern. Denn jemand, der weitgehend unkündbar ist, eine lange Betriebszugehörigkeit aufweist und vielleicht noch schwerbehindert ist, kann man scheinbar gar nicht anders los werden als durch verstärkten Druck. Dies ist ein Paradox. Natürlich beruft sich der Betroffene auf seine Rechte und rechnet sich seine Chancen aus, woanders eine gleichwertige Stelle zu finden. Je schlechter er diese Chancen einschätzt, desto mehr hält das Mobbingopfer an seiner Stelle fest, was wiederum der Gegenseite keine andere Wahl lässt, als schärfere Geschütze aufzufahren.

> Wenn sich das Mobbing gegen mehrere Personen richtet, die einer bestimmten Altersgruppe angehören, einen „alten", mit guten Leistungen ausgestatteten Vertrag innehaben oder zu einer bestimmten, langjährig bestehenden Abteilung gehören, ist die Wahrscheinlichkeit hoch, dass man die Betroffenen loswerden möchte.

Gesellschaftliche Ursachen

Mobbing lässt sich aber nicht nur auf persönliche Faktoren und die Arbeitssituation zurückführen. Auch gesellschaftliche Rahmenbedingungen ermöglichen Mobbing.

Vereinzelung und Entwurzelung

Soziologen sprechen vom Zerfall familiärer und gemeinschaftlicher Bindungen. Ein anderes Stichwort ist die „Versingelung" der Gesellschaft. In den letzten Jahren hat sich ein selbstbezogener Lebensstil entwickelt, der mit zunehmender Angst vor persönlichen Bindungen einhergeht. Es kam zu einem Wertewandel, wobei Arbeit zur höchsten Befriedigungsquelle aufstieg. Wenn sich die Wirtschaftslage verschlechtert und sich Angst vor Arbeitslosigkeit breitmacht, werden schlechte Arbeitsbedingungen immer mehr akzeptiert. Eine sichere Lebensplanung scheint für die Jüngeren kaum noch möglich, weshalb es wieder weniger Familien gibt. Die Mehrfachbelastung und Rollenkonflikte von Frauen, die Beruf und Familie vereinbaren wollen, kommen hinzu. Weiterhin beobachten wir die wachsende Komplexität des modernen Lebens mit zunehmender Abhängigkeit von Maschinen und Spezialisten und immer neuen Technologien. Scheinbar kann man nur noch Teilbereiche des Lebens bewältigen und bestimmen. Die Zahl der bürokratischen Vorschriften steigt. Zusätzlich wird eine erhöhte Mobilität erwartet (Entlokalisierung), also die Bereitschaft, für einen Arbeitsplatz ggf. an einen Ort zu ziehen, der weit vom eigenen sozialen Netz entfernt liegt.

Zusammenhang zum Mobbing

Nun sind aber gerade traditionelle Unterstützungssysteme wie Familie, Partner, Freundeskreis, Verein oder Gemeinde das beste Mittel zur Bekämpfung von Mobbing, weil sie eine natürliche Schutzzone bilden. Wenn diese Schutzzone entfällt, ist der Betroffene unter Umständen angreifbarer, sensibler und verunsicherter. Umgekehrt können potenzielle Täter angesichts fehlender sozialer Kontrolle tendenziell aggressiver vorgehen. Wer grundlegende gesellschaftliche Werte wie Solidarität, Zusammenarbeit und gegenseitige Hilfe nicht kennengelernt hat, sondern meint, dass nur durchsetzungsfähige Menschen ihre Ziele erreichen, wird wenig Rücksicht auf andere nehmen.

Beispiel

Frau O. befindet sich in einer schwierigen Lebenssituation. Sie hat wenig finanzielle Möglichkeiten und lebt allein. Aus beruflichen Gründen musste sie ihre Heimatstadt verlassen und hat dadurch ihr vertrautes soziales Umfeld verloren. Auf der Arbeit gerät sie immer mehr unter Druck. Sie muss sich aber vieles gefallen lassen, weil sie auf den Job angewiesen ist. Gerne würde sie sich Unterstützung suchen oder sich einfach einmal aussprechen, aber sie kennt kaum jemanden in der fremden Stadt und sie möchte andere Leute auch nicht mit ihren Problemen belästigen.

Die Charakterstruktur und Motive der Mobber

Was sind die Persönlichkeitseigenschaften eines Mobbers? Gibt es so etwas wie eine typische Persönlichkeitskonstante? Und warum handelt er so?

Mobbing zur eigenen Aufwertung (Narzissmus) *(jedd)*

Eine Theorie lautet, dass Mobber ein labiles Selbstwertgefühl haben und leicht kränkbar sind. Man nennt diese Charaktereigenschaft Narzissmus. Einerseits müssen diese Menschen ihr instabiles Selbstwertgefühl dadurch stabilisieren, dass sie andere Menschen erniedrigen, andererseits teilen sie gerne aus, ohne die entsprechende Empathie und das notwendige Feingefühl aufzubringen.

Mobbing zur eigenen Entlastung

Ein Phänomen, das Soziologen schon lange beschäftigt, ist das des Sündenbocks: Bei Spannungen in einer Gruppe dient ein Gruppenmitglied als Projektionsfläche für eigene Schwächen und Fehler. Es wird jemand gesucht, der als Schuldiger gelten kann und bestraft wird. Dies lenkt von der eigenen Unfähigkeit ab und richtet die Aufmerksamkeit auf jemand anderen, der für die begangenen Fehler angeblich verantwortlich ist. Ähnlich gelagert ist eine andere Verhaltensweise, die darin besteht, sich jemanden als Blitzableiter zu suchen, um z. B. Wut und Frustration abzulassen. Naturgemäß ist das Ziel solcher Ausbrüche ein schwächeres Mitglied innerhalb der Hierarchie.

Mobbing, um Macht auszuüben

Warum haben manche Menschen ein Machtproblem? Neben dem bereits erwähnten Streben des Narzissten nach Selbstaufwertung ist auch die Bestrafung ein mögliches Mobbingmotiv – wenn man z. B sein Gesicht verloren hat und diese Kränkung jemandem „heimzahlen" will oder wenn ein Kollege Arbeit liegen gelassen hat und man sich dafür rächen möchte. Auch die Angst um die eigene Position spielt eine Rolle im täglichen Konkurrenzkampf. Wenn im Zuge einer Umstrukturierung die eigene Position gefährdet ist, wird man sie unter Umständen auch mit unfairen Mitteln zu behaupten suchen. All diese Motive haben direkt und indirekt mit dem Willen zur Macht zu tun. Macht ist nicht immer nur der simple Ausdruck eines Wunsches nach Herrschaft.

Mobbing, um unliebsame Kollegen loszuwerden

Ein Mitarbeiter soll zwar möglichst leistungsstark sein. Wenn er aber außergewöhnlich gute Leistungen zeigt und als Überflieger erscheint, können sich die Kollegen bedroht sehen: Sie empfinden Neid und Eifersucht. Auch kann zwischen zwei Menschen einfach die Chemie nicht stimmen. Obwohl die Professionalität gebietet, keine persönlichen Differenzen in das Arbeitsleben hineinzutragen, können sich die wenigsten von derartigen Antipathien gänzlich frei machen. Das Mobbingmotiv „Ihre Nase gefällt mir nicht" ist eines der simpelsten und ältesten. Ein weiteres Motiv aus dieser Kategorie ist der „Auftragsmord": Egal warum ein Kollege sich unbeliebt gemacht hat, er soll einfach weg. Wenn es von oben angeordnet wurde, dann führt der Mobber einfach unreflektiert einen Befehl aus.

Vorgesetzte als Täter

Wir erinnern uns: In 38% der Fälle sind Vorgesetzte die Täter. Erinnern wir uns auch an die in der Mobbingdefinition genannten Kriterien. Eins davon besagt, dass der Gemobbte sich in einer unterlegenen Position befindet (sei es von Anfang an oder im Zeitverlauf). Dies bedeutet, dass der Gemobbte weniger Möglichkeiten als andere zur Verfügung hat, sich vor Angriffen zu schützen, und sich folglich schlechter wehren kann. Insofern muss es sich bei dem Mobber also nicht einmal um einen Vorgesetzten handeln, der in der Unternehmenshierarchie wesentlich höher steht. Es kann auch ein

Kollege sein, der zwar formal auf derselben Hierarchieebene steht, aber aus anderen Gründen eine bevorzugte Position innehat und somit eine inoffizielle Führungsmacht für sich beansprucht. Folgende Ursachen für Mobbing aus der Führungsperspektive sind zu unterscheiden:

- Führungskräfte können unsicher sein und Angst vor Autoritätsverlust haben. Sie glauben vielleicht, dass sie Faulheit bei ihren Mitarbeitern mit Strenge unterbinden oder ihre Mitarbeiter ganz allgemein mit Druck disziplinieren müssten.

- Sie nutzen womöglich ihre hierarchische Position aus, um jemanden loszuwerden, dessen Nase ihnen nicht passt.

- Sie können mitunter einfach Spaß daran haben, Mitarbeiter zu drangsalieren.

- Führungskräfte geben bisweilen auch nur Befehle von weiter oben bzw. führen sie aus. Soll z. B. eine Abteilung geschlossen oder umstrukturiert werden, kommt die Anweisung, sich einiger Mitarbeiter zu entledigen, vielleicht unmittelbar von der Geschäftsführung.

Ist aber das Einfordern von Disziplin und das Ausüben von Druck nicht etwas, das zu den Aufgaben jeder Führungskraft gehört? Ist jede Art von Kritik schon als Mobbing zu betrachten und dürfen Vorgesetzte nun überhaupt nichts mehr? Wenn ein Unternehmen in wirtschaftlichen Schwierigkeiten steckt, müssen die Führungskräfte dann nicht automatisch die Zügel anziehen? Das alles gilt es abzuwägen. Auch die obige Definition von lang anhaltendem Mobbing ist in diesen

Fällen nicht immer erfüllt. Wie immer muss der Betroffene seine Situation genau analysieren und versuchen zu erkennen, ob in den vermeintlichen Mobbinghandlungen tatsächlich Schikane und Systematik zu erkennen ist.

Mobbing von unten

Es kann aber auch umgekehrt laufen: Untergebene schließen sich zusammen und stellen sich gegen Vorgesetzte – ein Fall von innerbetrieblicher Meuterei. Was treibt sie an? Vielleicht ist man selbst erpicht auf einen Führungsposten und will den unliebsamen Konkurrenten ausschalten. Ein anderer Vorgesetzter wird wegen seiner scheinbar arroganten und ungerechten Wesensart angegriffen. Und schließlich soll ein Vorgesetzter gestürzt werden, der einer Belegschaft von oben vorgesetzt wurde, obwohl sie einen anderen Favoriten hatte. Ein Vorgesetzter kann auch ungeschickt und unsicher agieren. Er kommt vielleicht geradewegs von der Universität und hat wenig praktische Erfahrung.

Unter Kollegen

Wie sieht es unter gleichgestellten Mobbern auf derselben Dienstebene aus? Auch hier können wieder Spaß am Drangsalieren und am Missbrauch von Macht im Spiel sein. Jemand, der ohnehin schon schwach ist, sucht sich einen noch schwächeren Gegner, um sich selbst zu erheben. Das unbedeutende Licht fühlt sich dadurch aufgewertet, dass es sich auf ein sozial schwächeres Mitglied stürzt oder auf jemanden, der in irgendeiner Weise „anders" ist (durch Behinderung, Rasse, Geschlecht, Religion, Gewohnheiten usw.), und diesen mobbt. Folgende Motive können eine Rolle spielen:

- Mobbing kann ein Ventil sein für Frustration und Unzufriedenheit mit der eigenen Lebenssituation. Der Mobber lässt seinen Frust an jemand anderem aus.

- Es kann sich um nachtragende Rache für eine vermeintliche (oder echte) Niederlage handeln oder Ausdruck der Tatsache sein, dass man einfach jemanden nicht leiden kann.

- Es soll jemand an eine Gruppennorm angepasst werden. Abweichler kann man nicht gebrauchen.

- Es kann sich auch einfach nur um Mitläufertum handeln, d. h. um den Wunsch, zu den „Starken" dazuzugehören.

- Die Angst, der Kollege oder die Kollegin könnten einen vom jetzigen Arbeitsplatz verdrängen, kann Kollegen leiten. Durch das Mobbing soll der Konkurrent vertrieben werden.

- Weiterhin können Ärger und Neid auf einen Kollegen bestehen, der scheinbar bevorzugt wird, besser aussieht oder scheinbar bessere Leistungen erbringt.

- Ein Klassiker sind Angriffe auf angebliche Drückeberger und häufig Kranke, deren Arbeit man ständig mit erledigen muss.

- Und zu guter Letzt gibt es noch Mobber, die so wenig Fingerspitzengefühl haben und so unsensibel sind, dass sie gar nicht merken, wenn sie ständig Leute kränken und beleidigen. *(Ulrike)*

Faktoren beeinflussen sich gegenseitig

Es liegt immer ein Wechselspiel zwischen äußeren (den Rahmen betreffenden) und inneren (personenbedingten) Faktoren vor. Wenn der Rahmen ungünstig ist und Mobbing ermöglicht und außerdem entsprechende Persönlichkeitsfaktoren bei den Betroffenen hinzukommen, ist die Wahrscheinlichkeit für Mobbing deutlich erhöht. Jeder Fall ist natürlich anders gelagert und stellt eine Kombination der genannten Faktoren dar.

Beispiel

Herr F. ist ein zurückhaltender Mensch. Er bemerkt Konflikte oft zu spät und versucht sie zu vermeiden. In der Arbeitsgruppe von Herrn F. kommt es oft zu Frustration und Neid. Die Gruppe sucht einen Sündenbock. Durch das schüchterne Auftreten von Herrn F. wird er oft zum Opfer von Ausgrenzung. Das Betriebsklima ist ohnehin schlechter geworden, seit die Firma von Herrn F. vor zwei Jahren verkauft wurde. In allen Abteilungen herrscht wenig sozialer Rückhalt. Herr F. ist bereits 54. Er befürchtet, keinen anderen adäquaten Arbeitsplatz mehr zu finden. Die Führungsetage zeigt wenig Unterstützung. Einer der Abteilungsleiter ist sehr leistungsorientiert und würde Herrn F. gerne loswerden und durch einen jüngeren Kollegen ersetzen. Die Anfeindungen in der eigenen Abteilung nehmen zu, und als der Vorgesetzte dies bemerkt, hat er einen Grund, Herrn F. psychisch unter Druck zu setzen.

Das Beispiel zeigt, wie es in der Praxis oft zugeht. Es kommen mehrere Faktoren zusammen – die Charakterstruktur von Herrn F. und seinen Kollegen, das Betriebsklima in Zeiten der Umstrukturierung mit erhöhter Unsicherheit und der Führungsstil von Herrn F.s Vorgesetzten. Das Zusammentreffen dieser Faktoren löst eine Negativspirale aus.

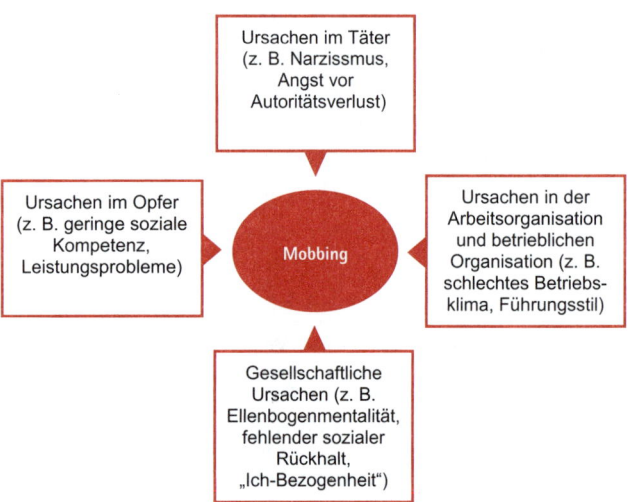

Ursachen von Mobbing

Von den ersten Anzeichen zum Psychoterror

Wie verläuft Mobbing eigentlich? Kommt es aus heiterem Himmel oder ist es vorhersehbar? Wie erklärt es sich, dass ein Mobbingprozess sich über durchschnittlich 18 Monate (teilweise sogar über drei Jahre) hinziehen kann, ohne dass er unterbunden wird? Es gibt dazu verschiedene Phasenmodelle, das bekannteste wird im Folgenden vorgestellt.

1. Die frühe Phase

Ein Konflikt, wie er im Kollegenkreis immer mal wieder auftritt, wird normalerweise beigelegt und geklärt. Bleibt er allerdings offen und unbearbeitet, kann er unterschwellig weiter wirken. Betroffen ist dann vor allem die Beziehungsebene und nicht mehr die Sachebene, d. h., die Stimmung unter den Kollegen ist gereizt oder irritiert, womöglich aber auch verunsichert oder ängstlich.

Beispiel

Frau G. hat eine Meinungsverschiedenheit mit Frau M. darüber, wie ein bestimmtes Projekt sich entwickeln soll. Anfangs verläuft die Diskussion darüber noch sachlich, mit der Zeit schleichen sich aber auch spitze Bemerkungen bei Frau G. ein. Auch Frau M. wird schnippisch. Zunächst bemerken noch beide, dass ihre Meinungsverschiedenheit sich in eine ungute Richtung entwickelt. Mehrmals sucht Frau G. das Gespräch, um sich zu entschuldigen und wieder zu versöhnen. Leider werden die beiden oft unterbrochen und davon abgehalten, sich auszusprechen. In der Abteilung herrscht gerade viel Zeitdruck. Auch der Vorgesetzte der beiden interveniert nicht. Er findet, dass sie ihren Streit selbstständig untereinander regeln sollten. Er sei ja kein „Kindergärtner".

Der Konflikt ist nun personifiziert. Ein Teil der Arbeitszeit wird ab sofort darauf verwandt, den vermeintlichen Gegner zu provozieren, und erste Stresssymptome werden sichtbar. Die systematischen Angriffe beginnen.

Beispiel

Inzwischen macht sich der Konflikt zwischen den beiden Mitarbeitern immer öfter in Teamsitzungen bemerkbar. Frau G. eröffnet die Mobbinghandlungen, indem sie Frau M. systematisch unterbricht und sie häufig vor versammelter Mannschaft kritisiert. Frau M. kontert daraufhin mit Angriffen auf das soziale Ansehen von Frau G. Sie streut hinter ihrem Rücken Gerüchte über ihre Belastbarkeit, über eine vermeintliche psychische Störung und über ihr angebliches Übergewicht. Der zunehmende Stress macht sich bemerkbar. Frau G. leidet inzwischen unter Schlafstörungen.

2. Mittlere Phase: Die Eskalation

Die gemobbte Person ist nun mehr und mehr isoliert. Sie ist verunsichert und macht Fehler. Diese Fehler liefern wiederum die Begründung für weitere Ausgrenzung. Nun sind auch Arbeitsabläufe gestört und Vorgesetzte werden eingeschaltet. Der Konflikt hat sich inzwischen herumgesprochen. Der Betroffene gilt als problematischer Mitarbeiter. Es wird über Versetzungen nachgedacht. Womöglich greift der Arbeitgeber zu arbeitsrechtlichen Maßnahmen.

Beispiel

Frau M. ist mit ihrer Strategie erfolgreicher. Mehr und mehr Teammitglieder wenden sich von Frau G. ab. Während Frau G. vorher noch einige Verbündete hatte, leidet inzwischen die Arbeitsleistung des gesamten Teams. Das Klima in der Abteilung ist belastet. Frau G. scheint schuld zu sein. Der Abteilungsleiter Herr Z. kann nun nicht mehr abwarten und versucht ein klärendes Gespräch mit den Betroffenen zu führen. Scheinbar herrscht danach vorübergehend Ruhe. In Wirklichkeit verlagern sich die

Mobbinghandlungen aber nur unter die Oberfläche. Schließlich verschwinden wichtige Daten von der Festplatte von Frau G. Sie kann dadurch einen wichtigen Auftrag nicht rechtzeitig fertigstellen. Nach heftiger Kritik durch Herrn Z. lässt sie sich krankschreiben.

3. Die letzte Phase: Der Ausschluss

Entweder ist der Betroffene jetzt im Betrieb kaltgestellt, krankgeschrieben, gekündigt, abgefunden oder früh verrentet. Vielleicht führt er auch eine gerichtliche Auseinandersetzung mit dem Arbeitgeber, die die Fronten weiter verhärtet. Eine Umkehr des Prozesses ist nicht mehr möglich.

Beispiel

Es folgt eine Reihe von Abmahnungen gegen Frau G. Zunächst kann sie diese mithilfe eines Anwaltes und durch Einschalten des Betriebsrates noch abwenden. Frau G. wird in eine andere Abteilung versetzt. Der monatelange Prozess hat inzwischen Spuren hinterlassen. Häufige Krankschreibungen führen zu immer mehr Missmut im Kollegenkreis. Niemand will Frau G. mehr „mit durchziehen". Der Widerstand wächst. Im Rahmen einer Kur beschließt Frau G. ihre Stelle aufzugeben und einen Auflösungsvertrag zu akzeptieren.

Beispielhafter Verlauf von Mobbing

Nicht immer alle Phasen

Laut Mobbing-Report werden nicht immer alle beschriebenen Phasen durchlaufen. Trotzdem hat man es mit Mobbing zu tun. Das Phasenmodell bietet also nur eine ungefähre Orientierung. Gut ein Viertel der Befragten gab an, die erste Phase, die von einem ungelösten Konflikt gekennzeichnet ist, gar nicht erlebt zu haben. Das kann einerseits bedeuten, dass aus heiterem Himmel heraus mit den Mobbinghandlungen begonnen wurde, ohne dass ein ungelöster Konflikt vorgelegen hätte. Andererseits könnten die Betroffenen die Frühphase einfach nicht bemerkt haben. Mobbinghandlungen sind oft versteckt und indirekt, werden also zunächst nicht wahrgenommen.

Beunruhigend ist auch, dass ca. sechs von zehn Befragten sämtliche Phasen durchlaufen mussten, bevor der Mobbingprozess ein Ende fand. Mehr als die Hälfte war also allen Eskalationsstufen ausgesetzt und erlebte somit auch die gravierenden Folgen, wie etwa arbeitsrechtliche Schritte (z. B. Kündigung) und längerfristige Krankschreibungen.

Wie wirkt sich Mobbing aus?

Nicht nur das Mobbingopfer leidet. Der Kollateralschaden ist groß: Die Kollegen, die Abteilung, der Betrieb und die Familie sind direkt und indirekt mitbetroffen. Im Krankheitsfall werden medizinische und psychologische Behandlungen erforderlich. Im ungünstigsten Fall müssen Juristen eingeschaltet werden und es kann zum Arbeitsplatzverlust kommen.

Wie Mobbing krank macht

Je nachdem, wie lange und wie intensiv die Mobbinghandlungen auf den Betroffenen einwirken, und je nachdem, wie gut oder schlecht sich jemand zur Wehr setzen kann, entwickeln sich früher oder später seelische und körperliche Symptome. Wenn man Mobbingopfer danach befragt, von welchen gesundheitlichen Auswirkungen sie betroffen sind, geben mehr als zwei Drittel an, demotiviert worden zu sein und mit erhöhtem Misstrauen zu reagieren. Über 50% berichten über Konzentrationsmängel sowie Leistungs- und Denkblockaden. Hinzu kommen Angstzustände, Selbstzweifel und Rückzugsverhalten. In einem Viertel der Fälle treten Schuld- und Schamgefühle auf.

Die beschriebenen Einschränkungen führen unweigerlich zu Zuspitzungen: Bedingt durch die Ängste, Konzentrationsstörungen und Schuldgefühle werden vermehrt Fehler begangen. Diese Fehler werden einem wiederum zum Vorwurf gemacht und das führt zu weiterer Verunsicherung und erneuten Selbstzweifeln. Wer an sich selbst zweifelt, erwartet auch, mehr Fehler zu machen, usw. Ein Fachbegriff für diesen Prozess lautet „Negativspirale".

Früher oder später kommt es zur Krankschreibung. Laut Mobbing-Report nutzen rund 44% aller Betroffenen diesen Ausweg, davon die Hälfte für mehr als sechs Wochen! Die Dunkelziffer ist hoch. Aus Angst um den Arbeitsplatz und vor weiteren Schikanen trauen sich viele Betroffene nicht, zum Arzt zu gehen. Viele Opfer schämen sich auch und wollen nicht als Versager gelten. Eine Krankschreibung ist aus Sicht der Betroffenen auch ein Zeichen der Niederlage und ein Signal an den Mobber, dass er gewonnen hat. Nicht krankgeschrieben zu sein, heißt also noch lange nicht, dass man gesund ist und das Mobbing gut bewältigt.

Welche Symptome treten auf?

Zu den Krankheitsbildern, die auf das Mobbing zurückgeführt werden, gehören:

- Schlafstörungen
- Kopfschmerzen
- Migräne
- Rückenschmerzen
- Verdauungsprobleme
- Herz-Kreislauf-Beschwerden
- Depressionen
- Ängste
- Gereiztheit und erhöhte Aggressivität
- Posttraumatisches Stresssyndrom
- Verzweiflung und Selbstmordgedanken

Die Symptome können unspezifisch (z. B. Schlafstörungen und Kopfschmerzen) oder auch spezifisch ausfallen (z. B. Ängste und Depressionen). Die gesundheitlichen Folgen sind umso intensiver, je häufiger die Attacken auftreten. Bei täglichem Mobbing erkranken über 50%, bei Mobbing mehrmals im Monat ca. 30% der Opfer. Mit zunehmender Dauer steigt erwartungsgemäß die Intensität der Auswirkungen. Der Eintritt gesundheitlicher Folgen ist durch die gängigen stresstheoretischen Modelle erklärbar. Mobbing geht allerdings über den alltäglichen Stress bei der Arbeit weit hinaus. Die Auswirkungen machen sich auf fünf Ebenen bemerkbar:

- **Kognitiv/mental:** Auf der kognitiven Ebene kommt es zu Konzentrations- und Aufmerksamkeitsstörungen. Die Opfer beschäftigen sich ständig mit den belastenden Ereignissen. Es entsteht sogenanntes „Gedankenkreisen".

- **Emotional:** Hier kommt es zu depressiven Symptomen wie Hilflosigkeit, Misstrauen, Verlust des Selbstwertgefühls, Scham- und Schuldgefühlen oder Gereiztheit.

- **Vegetativ:** Auf der hormonell-vegetativen Ebene kommt es zur vermehrten Ausschüttung von Stresshormonen über die Nebenniere. So erklärt man sich u. a. die Zunahme der psychosomatischen Beschwerden.

- **Muskulär:** Hier kommt es zu vermehrter Anspannung, Schmerzen und schnellerer Ermüdung.

- **Verhalten:** Am häufigsten kommt es zu Rückzug und Resignation. Im ungünstigsten Fall versucht man mit Medikamenten (Doping) oder Alkohol die Anspannung abzubauen.

Die verschiedenen Ebenen überlappen sich natürlich und sind schwer voneinander abzugrenzen. Die Beschwerden kumulieren irgendwann in einem für die Person individuellen Muster. Jeder Mensch hat sozusagen eine andere Schwachstelle, an der sich die gesundheitlichen Probleme bemerkbar machen.

Die Arbeitssituation der Betroffen

Die gesamte Arbeitssituation ist mit der Zeit äußerst belastend. Der von Mobbing Betroffene muss einen Großteil seiner Energie dafür aufwenden, sich zu schützen und zu wehren. Diese Kraft steht dann nicht mehr für die Arbeit zur Verfügung. Häufige Folgen für die Betroffenen sind Versetzung oder sogar Kündigung. Zum Teil räumt das Mobbingopfer selbst das Feld, indem es einen Versetzungsantrag stellt oder kündigt, zum Teil prescht hier der Arbeitgeber vor. Eine Versetzung kann zu einem glücklicheren Neuanfang führen, sie muss es aber nicht. Wenn die neue Abteilung dem Versetzten gegenüber skeptisch und zurückhaltend ist, setzt sich der Mobbingprozess womöglich weiter fort. Entsprechend groß ist die Angst von Betroffenen, vom Regen in die Traufe zu kommen.

Häufig kommt es zu Abmahnungen und Kündigungsandrohungen. Da Kündigungen lange Arbeitsgerichtsprozesse nach sich ziehen können, einigt man sich oft auf einen Auflösungsvertrag. Vorübergehende Arbeitslosigkeit ist häufig die Folge. Zu den ursprünglichen Mobbinghandlungen kommen also im Verlauf meist noch arbeitsrechtliche Auswirkungen hinzu.

Wie die Familie und das private Umfeld leiden

Mit der Zeit wird der berufliche Konflikt zunehmend ins Privatleben hineingetragen und dominiert dieses. Das Familienleben leidet und die Freizeitaktivitäten werden reduziert:

- Zunächst stehen einem Angehörige und Freunde noch zur Seite. Irgendwann möchten sie über die belastenden Ereignisse aber auch nichts mehr hören. Wenn der Betroffene ständig mit seinen Gedanken um das eine Thema kreist, wendet sich das Umfeld bald genervt ab – zumal die nahestehenden Personen oft nichts tun können, als Trost zu spenden und ein offenes Ohr zu haben.

- Dadurch, dass der Betroffene leidet, ist er wahrscheinlich unausgeglichen und vielleicht gereizt oder verhält sich ungerecht. Womöglich verliert er schon bei Kleinigkeiten die Beherrschung.

- Die Partnerschaft ist belastet. Die gedrückte oder gereizte Stimmung kann zu Ehestreitigkeiten führen. Der Betroffene kann sich nicht mehr zu gemeinsamen Aktivitäten in der Freizeit aufraffen.

- Wenn jemand lange krankgeschrieben ist, fällt er dem Rest der Familie vielleicht zur Last. Das nagt wiederum am Selbstwertgefühl.

- Die drohende Arbeitslosigkeit schränkt die Familie in ihren finanziellen Möglichkeiten ein.

- Die Schilderungen der belastenden Arbeitsplatzsituation verängstigen auch die anderen Familienmitglieder und machen sie hilflos.

- Die Rückzugstendenzen des Opfers führen zu allgemeiner Lustlosigkeit. Der Sportverein oder das Ehrenamt werden aufgegeben.

- Das Aufsuchen von Hilfsmöglichkeiten (Ärzte, Psychologen, Juristen, Beratungsstellen) kostet Zeit und Geld.

Wie Mobbing dem Unternehmen schadet

Nicht nur das Opfer trägt Schaden davon, auch für das Unternehmen ergeben sich negative Folgen.

- Sowohl der Täter als auch das Opfer müssen ständig Energie auf Angriffe beziehungsweise deren Abwehr verwenden. Es liegt auf der Hand, dass dadurch die Arbeitsleistung und Produktivität leidet.

- Wegen der häufigen Krankschreibungen kommt es zu längeren Fehlzeiten, die durch Kollegen aufgefangen werden müssen. Dadurch sinkt die Qualität der Arbeit. Das belastet wiederum das Klima in der Abteilung.

- Eine hohe Personalfluktuation durch Kündigungen und Versetzungen führt darüber hinaus zu instabilen Verhältnissen in einer Abteilung. Durch die häufig wechselnde Belegschaftszusammensetzung kommt es zwangsläufig zu arbeitsorganisatorischen Problemen wie z. B. ungenügender Informationsweitergabe. Qualifizierte und eingearbeitete Fachkräfte sind schwer zu ersetzen. So sinkt das Know-how in einer Abteilung.

- Die schlechte Stimmung nimmt zu, und Phänomene wie „innere Kündigung" und „Dienst nach Vorschrift" ziehen erneute arbeitsrechtliche Schritte wie Abmahnungen und Drohungen nach sich.

- Schließlich leidet auch das Image einer Firma und ihr Ansehen in der Öffentlichkeit. Die Spirale dreht sich also weiter und weiter...

Die Kosten, die durch Arbeitszeitausfälle für die Unternehmen entstehen, gehen Hochrechnungen zufolge in die Milliarden. Solche Hochrechnungen sind natürlich fraglich, weil durch Mobbing direkte und indirekte Kosten verursacht werden, die schwer zu erfassen sind. Wenn Mobbing wirklich so teuer für Unternehmen wäre, dürfte ja eigentlich niemand mehr mobben. Da es trotzdem geschieht, muss es sich wohl unter dem Strich doch noch rechnen, entgegnen Kritiker.

Folgen für die Gesellschaft

Die Folgen von Mobbing beschränken sich aber nicht auf die Unternehmenswelt, sondern die ganze Solidargesellschaft bekommt die Auswirkungen zu spüren und muss sie mittragen. Neben den betrieblichen Kosten entstehen höhere Sozialversicherungs-, Renten- und Krankenkassenbeiträge aufgrund von Frühverrentungen, Dauerarbeitslosigkeit, Heilbehandlungen, Rehabilitationskuren und steigenden ambulanten Behandlungskosten. So werden indirekt auch die öffentlichen Haushalte von Bund, Ländern und Gemeinden belastet.

Ein weiterer Aspekt ist jener der Entsolidarisierung: Durch Arbeitsverdichtung, Zeitdruck und Stellenstreichungen entsteht das schon weiter oben beschriebene Klima eines immer härteren Konkurrenzkampfes. Der angesprochene Wertewandel führt zu weniger sozialem Miteinander und abnehmender Solidarität. Auf diesem Nährboden kann Mobbing wiederum gut gedeihen, weil es als gesellschaftliche Realität einer Ellenbogengesellschaft akzeptiert wird.

Auf einen Blick: Wie Mobbing entsteht

- Mobbing verläuft in Phasen: Konflikt – Mobbinghandlungen – Eskalation – Ausschluss.

- Oft beruht Mobbing nicht nur auf einer einzelnen Ursache, sondern vielmehr auf einer unglücklichen Reihung von äußeren und inneren Faktoren.

- Mobbing kann zu psychischen und psychosomatischen Beschwerden führen. Beispiele sind Schlafstörungen und Ängste.

- Im Verlauf kann sich auch eine verminderte Belastbarkeit entwickeln, die eventuell weitere Konflikte nach sich zieht.

- In der Firma kann es zu Abmahnungen, Krankschreibungen, Versetzungen und Kündigungen kommen.

- Der Konflikt auf der Arbeit wird zwangsläufig ins Privatleben hineingetragen und führt dort zu zusätzlichen Belastungen.

- Krankschreibungen und Versetzungen belasten die Arbeitsabläufe und das Betriebsklima.

- Die Gesellschaft muss Folgekosten tragen, wie medizinische Behandlungen, Rehabilitationsbehandlungen (Kuren) sowie psychologische Therapien. Hinzu kommen Kosten für die Sozialkassen, z. B. im Fall einer Berentung.

Wie kann man sich selbst helfen?

Die gute Nachricht ist: Es gibt die unterschiedlichsten – und in der Praxis erprobten – Maßnahmen, mit denen Betroffene gegen Mobbing vorgehen können.

In diesem Kapitel lesen Sie,

- wie ein Anti-Mobbing-Fahrplan aussehen kann (ab S. 61),
- wie Sie den Stress besser bewältigen (ab S. 65),
- was Sie beachten sollten, wenn Sie den Täter direkt konfrontieren (ab S. 73),
- wie Sie vorgehen, wenn Sie den Vorgesetzten oder die Interessensvertretung einschalten (ab S. 80),
- was Sie beachten sollten, wenn Sie sich psychologische und rechtliche Hilfe holen (ab S. 85).

Allgemeine Bewältigungsformen und Strategien

Es gibt drei Hauptstrategien, die man verfolgen kann, um sich gegen Mobbing zu wehren. Diese führen einzeln oder in Kombination angewandt zum Erfolg:

- Grenzen setzen
- Objektive Veränderung der Arbeitsplatzsituation
- Persönliche Stabilisierung

Grenzen setzen durch Aussprache und Klärung

Eine wichtige Empfehlung für Mobbingopfer lautet, nicht zu lange mit einer Reaktion zu warten. Vielmehr sollte man rechtzeitig klare Grenzen aufzeigen, sich zur Wehr setzen und versuchen, klärende Gespräche zu führen. Allerdings gilt es, auch die Situation realistisch einzuschätzen, um nicht auf verlorenem Posten zu kämpfen. Die Mehrheit aller Mobbingopfer bemüht sich tatsächlich zunächst um eine Aussprache und über die Hälfte setzt sich sprachlich zur Wehr. Fast jeder Zweite fragt nach den Gründen für die Angriffe und jeder Dritte macht sogar Vorschläge zur Lösung der Konfliktsituation. Es ist also keineswegs so, dass die Opfer passiv bleiben, alles über sich ergehen lassen und völlig hilflos reagieren.

Nur etwa jeder Zehnte wehrt sich nicht. Die Gründe für solches Verhalten sind bekannt: Er oder sie schätzen ihre Situation als hoffnungslos ein, rechnen sich keine Chancen aus, werden nicht durch Dritte unterstützt und haben Angst um ihren Arbeitsplatz. Einige wenige befürchten sogar verstärktes Mobbing, sollten sie Widerstand leisten. Sind die beschriebenen direkten Gegenmaßnahmen nun aber erfolgreich? Leider zumeist nicht. Es würde auch der Natur von Mobbing widersprechen, ließe sich der Konflikt „sachlich" klären. Nur jeder Zehnte hat Erfolg mit einer direkten Konfrontation. Der Rest gibt an, dass Klärungsversuche blockiert und unterdrückt worden seien. Das bedeutet aber nicht, dass man auf diesen Versuch der Konfliktlösung verzichten sollte.

Wer sich wenig davon verspricht, den Konflikt anzusprechen, versucht es vielleicht mit Verdrängung und Ablenkung (vor allem durch Arbeit). Sofern möglich, kann man auch versuchen, dem Mobber aus dem Weg zu gehen.

Veränderung der Arbeitssituation

Als Nächstes (oder parallel zur direkten Ansprache) sollten Mobbingopfer versuchen, innerhalb ihres Betriebs Hilfe zu finden. Die wichtigsten Ansprechpartner sind in der Regel der Betriebs- oder Personalrat, danach Kollegen, die nicht am Mobbing beteiligt waren, und der Vorgesetzte. Zwei Drittel aller Mobbingopfer wenden sich an den Personal-/Betriebsrat und an loyale Kollegen, fast die Hälfte schaltet die Vorgesetzten ein. Sofern man Unterstützung im Unternehmen findet, lässt sich das Mobbing oft unterbinden, sei es, dass der Mobber diszipliniert wird, oder durch einen Wechsel in eine andere Abteilung. In einer ausweglosen Situation kann die Kündigung allerdings der letzte Ausweg sein (statistisch gesehen geschieht dies leider in der Hälfte der Fälle).

Jeder vierte Betroffene wendet sich an niemanden innerhalb des Betriebes, sondern sucht Hilfe nur außerhalb desselben, z. B. weil es im Betrieb keinen kompetenten Ansprechpartner gibt, aus Angst, wegen der Machtposition der Mobber oder weil er oder sie sich keine großen Chancen ausrechnet.

Suche nach externer Hilfe

Viele Opfer wenden sich parallel oder ausschließlich an externe Ansprechpartner. Am häufigsten wird zunächst Unterstützung beim Partner oder in der Familie gesucht. Es folgen der Freundeskreis und der Hausarzt. Erst wenn diese Instanzen nicht weiterhelfen können, werden rechtskundige Fachleute oder die Gewerkschaft zu Rate gezogen. Zu guter Letzt folgen Psychotherapeuten, Beratungsstellen und Selbsthilfegruppen. Selbsthilfegruppen gelten in Mobbingfällen als sehr hilfreich, werden aber vergleichsweise selten genutzt.

> Wichtig ist in allen Fällen die Dokumentation der Geschehnisse!

Persönliche Stabilisierung durch Verarbeitung

Eine weitere wichtige Strategie der Betroffenen ist die „interne" Bewältigung, also der Umgang mit der Situation. Dazu gehört vor allem, die eigene Gesundheit zu schützen und einen Ausgleich im Privatleben zu schaffen. Notwendig ist außerdem, das eigene Selbstbewusstsein wieder aufzubauen sowie – falls irgend möglich – durchzuhalten und sich ein dickes Fell zuzulegen.

Ihr Anti-Mobbing-Fahrplan

Leider gibt es kein Patentrezept gegen Mobbing. Obwohl bestimmte Schemata existieren, liegt immer ein Einzelfall vor, zumal in jeder Firma ein anderes Machtgefüge herrscht. So macht es z. B. einen Unterschied, ob man in einem kleinen Familienunternehmen tätig ist oder in einem Weltkonzern mit Tausenden von Beschäftigten und zahlreichen Niederlassungen – ebenso, ob man im öffentlichen Dienst arbeitet oder in der freien Wirtschaft. Mancher Angestellte ist jung und ungebunden und könnte jederzeit eine neue Stelle haben, andere sind schon in den Fünfzigern und haben Haus und Familie. Es ist letztendlich eine persönliche Entscheidung, ob man sich sofort zur Wehr setzt oder zunächst noch abwartet und versucht, das Mobbing auszusitzen.

Die folgenden Schritte (nachfolgend z. T. näher erläutert) sollen Ihnen als Leitfaden zum Erfolg dienen. Ich habe versucht, eine gewisse Chronologie vorzugeben, die aber nicht verbindlich ist. Es handelt sich nur um eine Art roten Faden. Es ist z. B. durchaus möglich, dass Sie den Hausarzt und einen Anwalt schon früher als hier vorgeschlagen informieren müssen, um sich seiner Rückendeckung zu versichern. Die ersten der hier genannten Schritte sind natürlich auch bei bereits fortgeschrittenen Mobbingprozessen unerlässlich.

		Leitfaden für Betroffene
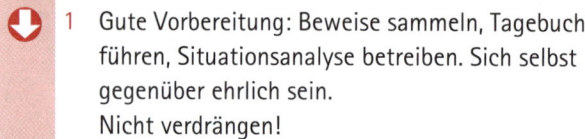	1	Gute Vorbereitung: Beweise sammeln, Tagebuch führen, Situationsanalyse betreiben. Sich selbst gegenüber ehrlich sein. Nicht verdrängen!
	2	Zunächst das Gespräch mit dem Mobber suchen. Nach den Ursachen fragen, mögliche Lösungen erörtern. Sich die Mobbinghandlungen früh und ausdrücklich verbieten. Datierte Notiz über das Gespräch anfertigen.
	3	Wenn sich keine Lösung abzeichnet und sofern dies betriebsbedingt möglich ist, dem Kontrahenten aus dem Weg gehen.
	4	Parallel dazu Unterstützung bei Kollegen suchen (Verbündete, Vertrauensperson).
	5	Die Angriffe sichtbar und für andere nachvollziehbar machen.
	6	Den unmittelbar Vorgesetzten informieren (Fürsorgepflicht).
	7	Den Betriebsrat einschalten (Beschwerderecht).
	8	Den Konfliktbeauftragten im Unternehmen aufsuchen (sofern vorhanden).
	9	Wenn der eigene Vorgesetzte der Mobber ist, dessen Vorgesetzten ansprechen und/oder versuchen, in der Personalabteilung einen Ansprechpartner zu finden.

10 Sofern das Mobbing von einer sehr hohen Dienstebene geduldet wird (oder ausgeht) oder eine entsprechende Vermutung besteht, sofort externe Hilfe in Anspruch nehmen.

11 Weitere Ansprechpartner sind Schwerbehinderten- und Gleichstellungsbeauftragte.

12 Mögliche Ansprechpartner sind auch der Betriebsarzt sowie ggf. die Sicherheitsfachkraft oder der Ausschuss für Arbeitsschutz.

13 Selbst die Arbeitsschutzbehörde kann als Ansprechpartner in Frage kommen, wenn der Betroffene trotz aller Versuche innerbetrieblich keine Unterstützung findet.

14 Parallel beginnen, Stressbewältigungsstrategien zu erlernen (Entspannungsübungen, Sport usw.).

15 Parallel Kraftquellen erschließen (Freizeitaktivitäten, Gespräche mit Freunden, Hobbys, Ausgleich, Zufriedenheitserlebnisse) – Stichwort: Stabilisierung.

16 Wenn die innerbetrieblichen Vermittlungsversuche scheitern und wenn das Unternehmen sehr klein ist (und es kaum interne Ansprechpartner gibt), unbedingt externe Hilfe suchen:

17 Externe Beratung durch Gewerkschaft

18 Externe Beratung durch Rechtsanwalt, bei Aussicht auf Erfolg evtl. prozessieren

19 Externe Unterstützung durch Selbsthilfegruppen

20 Externe Hilfe durch Mobbing-Beratungsstellen

21 Externe Beratung (wenn vorhanden) durch Krankenkasse oder Berufsgenossenschaft

22 Externe Hilfe durch Mobbingtelefone (Hotlines) oder Telefonseelsorge

23 Wenn gesundheitliche Symptome auftreten, zunächst den Hausarzt einschalten, ggf. auch einen Nervenarzt. Früh den Hausarzt einweihen. Nicht verdrängen!

24 Bei seelischem Leiden Psychotherapie in Anspruch nehmen (früh anmelden wegen Wartezeiten auf Therapieplatz).

25 Bei gesundheitlicher Beeinträchtigung rechtzeitig eine Rehabilitationsmaßnahme (Kur) beantragen (längere Beantragungszeiträume einplanen).

26 Bei Schutzbedürftigkeit und Gesundheitsgefährdung mit dem Hausarzt Krankschreibung und „Auszeiten" besprechen.

27 Bei Gefährdung der Leistungsfähigkeit und längerer Krankschreibung ggf. berufsfördernde Maßnahmen (Leistungen zur Teilhabe am Arbeitsleben, LTA) über die Deutsche Rentenversicherung beantragen. Dadurch kann z. B. eine Versetzung beschleunigt werden. Der Arbeitgeber muss dem allerdings nicht zustimmen.

28 Unabhängig davon berufliche Veränderungen in Erwägung ziehen, um gesundheitlichen Schaden abzuwenden, z. B. einen Versetzungsantrag stellen und Initiativbewerbungen abschicken.

 29 Weitere berufliche Veränderungsszenarien gedanklich durchspielen, z. B. Stundenreduzierung oder Abgabe einer Leitungsfunktion, ggf. auch eine berufliche Weiterbildung.

 30 Je jünger Sie sind, desto eher kommen Wechselszenarien in Frage. Mit zunehmendem Alter können Rückzugs- und Aussitzstrategien die sinnvollere Alternative sein.

Den eigenen Stress wahrnehmen

Wie wir gesehen haben, hilft Verdrängung und Verleugnung des Konfliktes nur wenig. Vielleicht wollen Sie diesen zunächst nicht wahrhaben und können es gar nicht glauben, dass Ihnen so etwas passiert. Schließlich haben Sie sich doch nie etwas zu Schulden kommen lassen. Vielleicht hoffen Sie, dass der Sturm bald vorüberzieht oder Sie der Situation irgendwie ausweichen können. Würde es nicht helfen, weniger sensibel zu reagieren? Sicherlich können Sie mit etwas gutem Willen die Angriffe auf Ihre Person schon irgendwie aushalten. Vielleicht genügt es ja schon, sich ein dickes Fell zuzulegen. Macht der Kollege nicht einfach eine schwierige Phase durch und wird sich schon wieder beruhigen? Und vielleicht handelt es ja gar nicht um Mobbing?

Die Situationsanalyse

Überlegen Sie einmal genau, wie realistisch Ihre Annahmen sind. Beantworten Sie ehrlich die folgenden Fragen. Sie sind zum Teil bewusst offen formuliert und lassen keine einfachen Ja/Nein-Antworten zu. Die Fragen dienen der Selbstreflexion und Analyse der Lage. Nehmen Sie sich genügend Zeit und besprechen Sie die Fragen vielleicht auch mit Freunden oder Familienangehörigen.

Checkliste: Erste Bestandsaufnahme

- Wie intensiv beschäftigen Sie sich schon gedanklich mit dem Konflikt? Wie viel Zeit kostet Sie das? Je mehr Raum das Thema in Ihren Gedanken einnimmt, desto schlimmer.

- Nehmen Sie den Frust schon mit nach Hause? Wirkt er sich auf Ihre Freizeit und Ihr Privatleben aus?

- Wie unangenehm erleben Sie die Situation?

- Wie ist Ihre Stimmung, wenn Sie dem vermeintlichen Mobber begegnen?

- Zweifeln Sie gelegentlich an sich selbst? Denken Sie ernsthaft darüber nach, dass der vermeintliche Mobber vielleicht Recht haben könnte?

- Wie lange wird Ihrer Meinung nach die Situation andauern?

- Glauben Sie, dass Sie die Situation ohne Weiteres in den Griff bekommen können, oder haben Sie Zweifel?

- Bekommen Sie Unterstützung? Wenn ja, von wem?

- Können Sie einige der weiter oben aufgeführten Mobbinghandlungen identifizieren? Wenn ja, welche? Finden die Angriffe eher auf der Arbeitsebene oder auf der sozialen Ebene statt?

- Sind Sie allein betroffen, oder trifft es auch andere?

- Müssen Sie mehr und mehr Energie aufwenden, um die vermeintlichen Mobbingangriffe abzuwehren? Leidet Ihre Arbeitsleistung darunter?

- Treten die vermeintlichen Mobbinghandlungen vereinzelt auf oder systematisch und über einen langen Zeitraum?

Wenn Sie diese Fragen durchgearbeitet haben und dabei eindeutige Mobbinganzeichen und -folgen erkennen konnten, sollten Sie jetzt handeln!

Körperliche Symptome wahrnehmen

Auch wenn ein von Mobbing Betroffener nur schwer den Beginn der Mobbinghandlungen benennen kann, erkennt er fast immer mit ziemlicher Genauigkeit, wann körperliche Beschwerden einsetzen. Spätestens jetzt muss man sich aber eingestehen, dass etwas nicht stimmt und Handlungsbedarf besteht. Ihr Körper ist ein feines Messinstrument, welches den zunehmenden Stress und die Bedrohung schon längst registriert hat, während Ihr Verstand noch darüber nachdenkt, ob ihn die Sinne nicht trügen. Hier gilt es, ehrlich mit sich zu sein! Der erste Schritt zur Veränderung der Situation besteht darin, genau auf Ihr eigenes körperliches und psychisches Wohlbefinden zu achten. Fangen Sie an, sich selbst mehr zu beobachten. Das ist am Anfang vielleicht ungewohnt. Denken Sie dabei auch über die folgenden Fragen nach:

Checkliste: Körperliche Symptome

- Haben Sie körperliche Symptome? Sind in letzter Zeit psychosomatische Beschwerden aufgetreten (z .B. Schlafstörungen, Unruhe, schnelles Ermüden, Nervosität, Magen-Darm-Beschwerden, Herz-Kreislauf-Beschwerden, Kopfschmerzen oder Muskelverspannungen)?

- Wann treten Ihre Beschwerden auf? Nur an Werktagen oder auch an Feiertagen? Treten Sie nur zu bestimmten Zeiten auf, z. B. wenn der Mobber in der Nähe war?

- Verschwinden die Beschwerden während der Urlaubszeit? Nehmen die Beschwerden wieder zu, wenn der Urlaub zu Ende geht und Sie wieder an die Arbeit denken?

- Seit wann bestehen die Beschwerden? Hatten Sie an anderen Arbeitsstellen schon ähnliche Beschwerden?

- Nehmen die Beschwerden in letzter Zeit zu? Sind neue Beschwerden hinzugekommen? Falls ja, was ist in der Zeit passiert, in der diese aufgetaucht sind?

Wenn Sie auch diese Fragen überwiegend positiv beantwortet haben, befinden Sie sich mit sehr hoher Wahrscheinlichkeit in einer Stresssituation mit Mobbingcharakter und haben diese jetzt vielleicht zum ersten Mal systematisch wahrgenommen. Das ist einer der wichtigsten Schritte auf dem Weg zu einer Lösung. Spätestens jetzt sollten Sie versuchen, die stressauslösenden Bedingungen zu verändern. Also Schluss mit der Verdrängung!

> Es gibt keinen Zaubertrank, der einen unverwundbar macht und dazu führt, dass die Angriffe schadlos an einem abprallen.

Mobbing dokumentieren

Sie müssen sich jetzt angewöhnen, ein Tagebuch über die Mobbingereignisse zu führen. Weiter unten erfahren Sie außerdem, wie man eine Mobbinglandkarte anlegt. Der Zweck einer solchen Dokumentation ist:

- Die Selbstaktivierung (Handeln statt passives Abwarten)
- Die Beweissicherung
- Das Auflisten aller Vorkommnisse
- Das Erkennen von Zusammenhängen
- Die systematische Information von Richtern, Anwälten, Beratern, Ärzten, Vorgesetzten usw. (diese können nachlesen, was sich genau wie zugetragen hat)

Das Mobbingtagebuch

Ein Tagebuch oder Protokoll muss folgende Informationen enthalten:

Bestandteile eines Mobbingtagebuchs

- Wer war beteiligt?

- Wann (Datum, Uhrzeit)?

- Wo (Ort)?

- Was ist genau geschehen? Benennen Sie die Mobbing-handlungen im Einzelnen. Wer hat was getan?

- Wie haben Sie das erlebt (körperliche oder gesundheitliche Reaktionen, ggf. mit zeitlichem Abstand)?

- Wer war Zeuge?

Natürlich gibt es auch Tage, an denen nichts passiert ist. Das müssen Sie ebenso aufschreiben. Hinzu kommen Vermerke wie Urlaub (ihr eigener sowie derjenige des Mobbers oder seiner Verbündeten), Arztbesuche, Krankschreibungen, freie Tage, Belästigungen zu Hause (z. B. Anrufe), Stresssymptome (z. B. Schlafstörungen). So entsteht eine Art Mobbingkalender. Sie können dadurch die Systematik erkennen, die hinter den Handlungen steckt. Ein derartiger Kalender kann auch verhindern, dass Sie sich in Sicherheit wiegen, wenn gerade einmal nichts passiert. Hier die Kurzform:

Wer?	Wann?	Wo?	Was?	Wie reagiert?	Zeugen?

Beispiel

 3. September, 14:00, Raum E 08, anwesend: Schmidt, Müller, Schulze, ich und Koslowski. Schmidt sagt vor allen Kollegen, dass ich mal wieder zu langsam sei und dass das Kollegium darunter leide. Im Team herrscht Schweigen. Ich bekomme Magenschmerzen.

12. Oktober, 11:00, Besprechungsraum, anwesend Team 2 und 3, Schmidt fragt vor versammelter Mannschaft, ob ich vielleicht psychisch krank sei, weil ich so lange krank geschrieben war. Er rät davon ab, mir eine bestimmte Aufgabe zu geben, weil ich seiner Ansicht nach „nicht belastbar" sei. Das ist das dritte Mal in diesem Monat, dass er das äußert. Ich schweige. Einige Kollegen schweigen auch, einige grinsen, Müller vermeidet Blickkontakt. Mir ist schwindelig, mir wird schlecht. Ich gehe nach der Arbeit zu meinem Hausarzt und lasse mich krankschreiben.

Wenn Sie das Tagebuch eine Weile geführt haben, können Sie vielleicht ein Muster erkennen und einen Katalog der Angriffe anlegen (nutzen Sie dazu die Übersicht über die verschiedenen Arten von Mobbinghandlungen ab S. 12).

Die Mobbinglandkarte

Eine Mobbinglandkarte ist noch differenzierter und wird normalerweise von Beratern angefertigt, um die Hierarchien in einer Mobbingsituation zu verdeutlichen. Sie können sie auch selbst anlegen. Besonders wenn mehrere Personen am Mobbing beteiligt sind, lohnt es sich, die Abhängigkeiten untereinander, die Machtverhältnisse und die Kommunikation in der Abteilung darzustellen. So erkennt man, wer wen auf welche Weise beeinflusst. Ein wesentlicher Vorteil der

Landkarte ist, dass sie das Beziehungsgeflecht innerhalb der verschiedenen Ebenen des Unternehmens und zwischen diesen Ebenen verdeutlicht. Sie machen sich dadurch bewusst, wie gefestigt Ihre Position ist und wie viele Unterstützer und Gegner Sie haben. Daraus können Sie womöglich eine Strategie ableiten, etwa indem Sie bestimmte Personen als Verbündete zu gewinnen suchen.

Malen Sie zunächst einen Kreis im Zentrum. Hier stehen Sie, und um Sie herum befinden sich in weiteren Kreisen alle wichtigen am Mobbingprozess beteiligten Personen. Feinde und Mobber verbinden Sie mithilfe einer gestrichelten Linie mit Ihrem Kreis, Freunde und Verbündete erhalten eine durchgezogene Linie. Um Kreise zu sparen (Übersichtlichkeit), können Sie Teams in einem Kreis zusammenfassen. Danach müssen auch alle anderen Kreise miteinander verbunden werden, entweder mit einer durchgezogenen Linie (= halten zusammen) oder einer gestrichelten Linie (= verstehen sich nicht).

So erhalten Sie eine Übersicht über Ihre Position in dem Beziehungsgeflecht. Vielleicht bemerken Sie dadurch, dass Sie relativ isoliert sind (viele gestrichelte Linien) oder noch vergleichsweise viel Rückhalt haben (viele durchgezogene Linien). Womöglich wird auch deutlich, dass die Führungsebene zusammenhält oder selbst zerstritten ist. Wenn Sie nicht sicher sind, ob eine Linie gestrichelt oder durchgezogen sein sollte, dann folgen Sie Ihrer Intuition. Wenn Sie immer noch nicht sicher sind, malen Sie ein Fragezeichen.

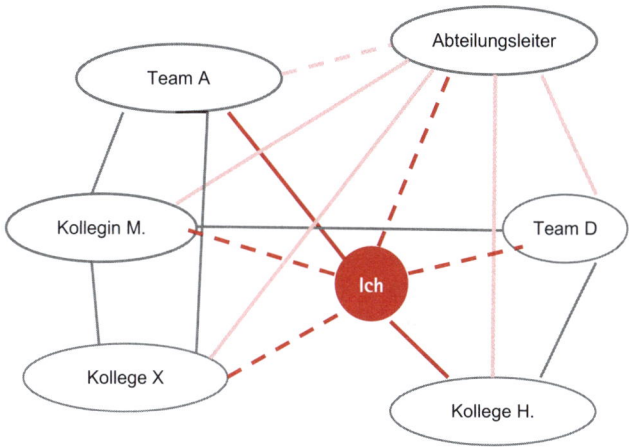

Beispiel für eine Mobbing-Landkarte

Die direkte Konfrontation mit dem Täter

Nur in der frühen Phase des Mobbings hat man eine Chance, das Geschehen selbst zu stoppen. Wenn der Prozess weiter fortgeschritten ist, werden Sie ohne externe Hilfe kaum noch etwas bewirken. Allgemein gängige Strategien sind:

- Verunsichern: Machen Sie verdeckte Angriffe öffentlich. Versuchen Sie, soziale Unterstützung zu finden und diese zu demonstrieren. Lassen Sie Ihr Gegenüber spüren, dass seine Angriffe wirkungslos bleiben.

- Versachlichen: Zeigen Sie zunächst noch den Willen zum Kompromiss. Lenken Sie die Aufmerksamkeit Ihres Gegners

auf gemeinsame Schwierigkeiten und deren Lösung hin
(„im selben Boot sitzen").

- Grenzen setzen: Bitten Sie um sachliche Äußerungen und
verbitten Sie sich einen unangemessenen Tonfall (z. B. An-
schreien). Kündigen Sie notfalls Gegenmaßnahmen an, wie
etwa arbeitsrechtliche Schritte.

Ziele festlegen

Sobald Sie sich entschlossen haben, die Initiative zu ergreifen, und eine Bestandsaufnahme ihrer Situation vorgenom-
men haben, müssen Sie sich über Ihre Ziele klar werden.
Dabei hilft es, sich die folgenden Fragen zu beantworten:

Checkliste: Fragen vor der Konfrontation
- Welche Bedingungen oder Handlungen sind es genau, die mich beeinträchtigen?
- Wer ist für die Bedingungen verantwortlich? Wer übt die Handlungen aus?
- Welcher Konflikt liegt dem wahrscheinlich zugrunde?
- Wie stehe ich selbst zu dem Konflikt? Welche Lösungen könnte ich mir vorstellen?
- Wie weit ist der Konflikt schon eskaliert?
- Was wünsche ich mir in Zukunft stattdessen im Umgang mit meinen Kollegen und Vorgesetzten?
- Was bin ich bereit, dafür zu geben? Welchen Preis bin ich bereit zu zahlen?

Die Beantwortung dieser Fragen geht über eine Situationsanalyse hinaus, weil sich aus den Antworten ergibt, was Sie erreichen wollen. Vielleicht gelangen Sie durch Ihre Interpretation der Lage auch zu neuen Lösungen. Entscheidend ist, welche Veränderung Sie sich wünschen. Daraus ergeben sich nämlich Ihre Forderungen für potenzielle Konfliktgespräche.

Belege sammeln und Zeugen gewinnen

Schon zu Beginn eines Konflikts ist es empfehlenswert, alles gründlich zu dokumentieren. Damit ist nicht nur das bereits erwähnte Führen eines Tagebuches gemeint, sondern darüber hinaus die generelle Beweissicherung. Dokumentieren Sie alle eigenen Schritte und diejenigen Ihres Gegners. Sammeln Sie schriftliche Dokumente. Drucken Sie sich belastende E-Mails aus (möglichst diskret, weil es sonst als weitere Provokation gewertet würde). Suchen Sie sich eine Vertrauensperson im Betrieb und informieren Sie diese. Sie kann später Zeuge und Ratgeber sein, also wählen Sie sie gewissenhaft aus. Idealerweise erklärt sich diese Vertrauensperson auch bereit, an Konfliktgesprächen teilzunehmen. Im Idealfall haben Sie so Rückendeckung durch Ihre Interessenvertretung (Betriebsrat), durch Kollegen/innen und/oder Ihre Vorgesetzten.

Das Gespräch suchen

Nun versuchen Sie den Widersacher direkt anzusprechen. Wir unterstellen, dass es sich um eine einzelne Person handelt. Wenn es mehrere Personen sind, können Sie versuchen, nur mit dem „Rädelsführer" zu sprechen – nie jedoch mit allen

Beteiligten auf einmal. Im Idealfall besteht nur ein ungelöster Konflikt, den niemand ansprechen will, den man dann aber gemeinsam klären und auflösen kann. Dies müsste das Mobbing im Normalfall beenden. Leider funktioniert das nur in den seltensten Fällen. Meist versuchen Mobbingopfer, das Gespräch zunächst allein zu führen, erst später schalten sie zusätzliche Helfer ein. Ziel des Konfliktgesprächs sollte sein:

- den Konflikt zu benennen,
- die wechselseitigen Interessen zu klären,
- sich Lösungen zu überlegen
- und/oder sich auf einen neutralen Schlichter zu einigen, wenn man zu keiner Einigung kommt.

Hilfreiche Rahmenbedingungen

Das Gespräch sollte am Arbeitsplatz stattfinden. Der private Rahmen ist dafür ungeeignet! (Einzige Ausnahme: jahrelange Freundschaft, die aus ungeklärter Ursache abbricht.) Es kann in der Pause stattfinden oder nach Dienstschluss. Sie müssen Ihren Kontrahenten direkt ansprechen und um ein Gespräch bitten. Dies ist ohnehin ein Testballon: Wenn die Gegenseite wirklich an einer Verständigung interessiert ist, wird sie sich auch die Zeit für ein Gespräch nehmen. Wenn nicht, wird sie sich wahrscheinlich in Ausflüchte zu retten versuchen.

Das Gespräch vorbereiten

Führen Sie das Gespräch nie im Affekt, also wenn Sie gerade besonders wütend sind. Warten Sie dann lieber etwas ab.

Trennen Sie Beziehungsebene (Enttäuschung und Wut auf den Kollegen) und die Sachebene (unkollegiales Zusammenarbeiten, schlechtes Arbeitsklima, unberechtigte Vorwürfe usw.). Folgende Dinge sollten Sie sich im Vorfeld des Gesprächs überlegen:

- Ob Sie schon vorab einen Vorgesetzten informieren wollen, ist Ermessenssache. Geben Sie ihm dann eine allgemeine Information wie: „Ich befürchte einen Konflikt mit Herrn Maier, will ihn aber zunächst selbst ansprechen. Wenn es mir nicht gelingt, das Problem zu lösen, würde ich gerne deswegen auf Sie zukommen." Eine solche Information bietet den Vorteil, dass der Vorgesetzte hinterher nicht sagen kann, er habe nichts bemerkt. Sie haben den Konflikt dann aber bereits öffentlich gemacht (sofern er das nicht schon war). Vielleicht fühlt sich der Vorgesetzte jetzt selbst in der Verantwortung. Das müssen Sie gegeneinander abwägen.

- Bereiten Sie konkrete Beispiele vor. Wenn die Gegenseite Sie danach fragt, können Sie nicht mit Allgemeinplätzen kommen wie „Ich fühle mich gemobbt" oder „Mir fällt gerade kein konkretes Beispiel ein."

- Machen Sie sich das Ziel des Gesprächs klar. Sie wollen eine Konfliktlösung. Das ganze Gespräch muss darauf abzielen.

- Am besten machen Sie sich vor dem Gespräch ein paar Notizen.

Beispiel: Ein möglicher Einstieg

 „Ich bin im Moment unzufrieden mit unserer Zusammenarbeit und dem Klima in unserer Abteilung. In den letzten Wochen habe ich bemerkt, dass Sie mir ausweichen. Das belastet mich und ich würde es gerne in Zukunft ändern."

Mit Widerständen umgehen

Typische Reaktionen von Mobbern, denen Sie begegnen können, sind:

- Das Gespräch wird von vornherein verweigert oder der Termin immer wieder hinausgezögert.

- Alles, was Sie vorbringen, wird abgestritten.

- Der Mobber weicht aus, versucht abzulenken und sich auf Allgemeinplätze zurückzuziehen, er wechselt das Thema.

- Er macht Ihnen umgekehrt Vorwürfe und greift Sie wegen vermeintlicher Verfehlungen an.

- Er erklärt Sie für übertrieben sensibel und überempfindlich.

- Er rechtfertigt sich damit, dass die Angriffe notwendig und berechtigt waren.

- Er klagt und jammert, dass er es auch „nicht leicht" habe und die letzten Monate sehr schwer gewesen seien („auf die Tränendrüse drücken").

- Er ist womöglich berechtigterweise empört, dass auch ihm Ungerechtigkeit widerfahren ist oder er benachteiligt wurde. Das rechtfertigt sein Verhalten zwar nicht, hilft aber beim besseren Verständnis der Motive.

Beispiel

 Frau Z. reagiert auf die Äußerungen von Frau K. mit Gegenanschuldigungen: Frau K. sei auch nicht viel besser, sie solle sich erst einmal an die eigene Nase fassen (Konter), außerdem übertreibe sie, so schlimm sei das doch alles gar nicht. Und das Verstecken der wichtigen Akten sei doch nur ein harmloser Kollegenscherz gewesen (Bagatellisieren). Auch für sie, Frau Z., sei die letzte Zeit schwer gewesen, denn sie habe zuhause einen kranken Mann (Mitleidsmasche).

Der Mobber wird versuchen abzuwehren und zurückzuschlagen, und er wird sein eigenes Los beklagen. Damit müssen Sie rechnen. Lassen Sie sich nicht beirren. Wenn das Gespräch ergebnislos verläuft, ist das auch ein Ergebnis. Sie können dann z. B. sagen, dass man hier offenbar nicht weiterkommt, und entweder einen erneuten Termin vereinbaren oder das Gespräch abbrechen. Wenn Sie nicht weiterkommen, können Sie Ihr Gegenüber auch fragen, ob es einen neutralen Vermittler akzeptieren würde und wenn ja, wen. Achten Sie bei Ablenkungsmanövern darauf, dass Sie das Gespräch immer wieder auf Ihre Ziele zurücklenken. Sie haben jetzt klar vermittelt, dass Sie eine sofortige Einstellung der Mobbinghandlungen verlangen und ansonsten weitere Schritte einleiten werden.

Wie geht es weiter?

Nach dem Gespräch warten Sie ab, was in den nächsten Tagen und Wochen geschieht. Ist es zu einer Entspannung und Aussöhnung gekommen? Konnte der Konflikt von der persönlichen Ebene auf die Sachebene befördert werden? Konnten Sie sich bei weiter bestehendem Konflikt zumindest auf einen neutralen Schlichter einigen, dessen Schiedsspruch Sie beide akzeptieren würden?

> Auch wenn das Gespräch nichts genützt haben sollte, haben Sie es zumindest versucht. So verhindern Sie, dass es später heißt, Sie seien nicht an der Lösung des Konflikts interessiert gewesen oder man habe nichts bemerkt.

Vielleicht werden Sie jetzt respektiert und man lässt Sie in Ruhe. Seien Sie trotzdem weiterhin auf der Hut! Wenn das Konfliktgespräch nicht gut verlaufen ist oder es sich als unmöglich erweist, ein solches Gespräch zu arrangieren, dann folgt die nächste Stufe, die den Übergang zur mittleren Phase markiert: Sie wenden sich nun an den Vorgesetzten, den Betriebs- oder Personalrat und/oder die Personalabteilung.

Den Vorgesetzten einschalten

Die Gegenwehr verläuft nicht immer nach idealtypischem Muster, d. h., die möglichen Ansprechpartner (Kollegen, Vorgesetzte, Betriebsrat, Personalabteilung) werden nicht unbedingt nacheinander eingeschaltet, sondern teilweise parallel. Widmen wir uns zunächst den Vorgesetzten.

Wir hatten bereits festgestellt, dass man in der Frühphase eines Konflikts den Vorgesetzten einfach nur darüber informieren kann, dass es Differenzen mit einem anderen Mitarbeiter gibt und dass man im Falle einer Eskalation auf ihn zurückkommen möchte. Man muss dabei aber aufpassen, nicht die Grenze zwischen Information und Anschwärzen des Kollegen zu überschreiten.

Idealerweise stellt sich der Vorgesetzte von selbst als Vermittler für den Bedarfsfall zur Verfügung. Vielleicht möchte er sich aber auch bewusst nicht einmischen. Zumindest aber sollte man sich schon eine Vertrauensperson (also einen Vorgesetzten, zu dem man einen guten Draht hat) auserwählt haben, um diese bei Bedarf anzusprechen.

Der Vorgesetzte hat die Fürsorgepflicht. Wenn Sie ihn informieren, will er vielleicht umgehend eingreifen. Überlegen Sie also, was Sie von ihm wollen.

Wenn die Gesprächsversuche mit dem Mobber scheitern sollten, muss der Vorgesetzte unbedingt eingeschaltet werden. Das gilt besonders für kleine Betriebe, wo es keinen Betriebsrat gibt. Wenn der Betriebsrat eingeschaltet wird, erfährt es spätestens jetzt der Vorgesetzte ohnehin. Insofern gilt wieder, dass die meisten Kontakte nicht nacheinander, sondern zum Teil parallel stattfinden. Welche Einflussmöglichkeiten der Vorgesetzte hat, untersuchen wir in einem späteren Kapitel.

Wenn der Vorgesetzte der Mobber ist

Problematisch wird es natürlich, wenn der Vorgesetzte selbst der Mobber ist. Eine direkte Konfrontation ergibt dann wegen des ungleichen Machtverhältnisses keinen Sinn. Führen Sie also in diesem Fall kein direktes Konfliktgespräch! Sie können sich stattdessen theoretisch an eine höhere Hierarchieebene wenden (z. B. die Geschäftsführung) Das birgt aber große Risiken, und spätestens jetzt müssen sie sich der Rückendeckung durch Personal- oder Betriebsrat versichern.

Je höher jemand in der Hierarchie angesiedelt ist, desto seltener wird er geopfert. Es kann Ihnen deshalb passieren, dass die Vorgesetzten zusammenhalten und jetzt alles noch schwieriger wird. Manchmal hingegen ist eine Beschwerde auf einer höheren Dienstebene sogar willkommen, weil man schon lange ein Auge auf eine bestimmte Person geworfen hatte. Vielleicht herrscht auch Krieg zwischen zwei Abteilungen und man schickt Sie nun vor. Sie sind dann zwischen die Fronten geraten. Alles hängt sehr stark von der individuellen Situation in ihrem Betrieb ab. Nur Sie kennen die dortigen Verhältnisse und können sich Ihre ungefähren Erfolgschancen ausrechnen.

Beschwerde bei den Interessenvertretungen

Laut Betriebsverfassungsgesetz hat jeder Arbeitnehmer das Recht, sich beim Arbeitgeber zu beschweren, „wenn er sich vom Arbeitgeber oder von Arbeitnehmern des Betriebes benachteiligt oder ungerecht behandelt oder in sonstiger Weise beeinträchtigt fühlt. Er kann ein Mitglied des Betriebsrates zur Unterstützung oder Vermittlung hinzuziehen." Dem Arbeitnehmer dürfen aus seiner Beschwerde keine Nachteile entstehen. Soweit die graue Theorie.

Leider müssen Betriebsräte in der Praxis sehr genau abwägen, inwiefern sie in das empfindliche Machtgefüge eines Betriebes eingreifen sollen, und können sich nicht unbegrenzt für jeden Beschäftigten einsetzen. Auch die Interessen der Firma, einschließlich der Chefetage, müssen schließlich gewahrt bleiben. Und so kann es auch einmal zu unpopulären Entscheidungen kommen.

Ein klassisches Beispiel ist die Zustimmung eines Betriebsrates zu Kündigungen, wenn dafür gleichzeitig das Fortbestehen eines Betriebes garantiert wird. Wenn man sich an den Betriebsrat wendet, bedeutet das also nicht automatisch, dass der Konflikt nun befriedet wird. Besonders in der mittleren Phase ist es aber durchaus sinnvoll, sich an Interessenvertretungen zu wenden. Denn der Konflikt ist jetzt schon weiter fortgeschritten und die bisherigen Vermittlungsversuche blieben fruchtlos. Sie sollten jetzt keine Möglichkeit auslassen, Hilfe in Anspruch zu nehmen.

Sich an den Betriebsrat wenden

Jeder Arbeitnehmer ist berechtigt, sich mit einer Beschwerde an den Betriebs- oder Personalrat oder die Mitarbeitervertretung zu wenden (alle Begriffe werden synonym verwandt). Der Betriebsrat (BR) prüft die Beschwerde und kann beim Arbeitgeber auf Abhilfe hinwirken. Notfalls kann er die Einigungsstelle anrufen, ein betriebliches Schiedsgericht, das tätig wird, falls sich Arbeitgeber und BR nicht einigen können. Es kann aber auch sein, dass der BR die Beschwerde nicht übernimmt, etwa weil er schwach oder parteiisch ist oder der Mobber gute Verbindungen dorthin unterhält. Der

Mobber könnte z. B. Freunde im BR haben oder sogar selbst dort Mitglied sein.

Sich an die Personalabteilung wenden

Gibt es keinen BR oder hilft dieser nicht oder nicht in ausreichendem Maße, besteht noch die Möglichkeit, sich direkt an die Personalabteilung zu wenden. Dieser Weg ist noch schwieriger zu begehen, weil man dort ebenfalls eine Vertrauensperson finden muss, die sich für den Fall interessiert und auf eine Lösung hinarbeitet. Sie müssen hier deutlich machen, dass Sie nicht den Mobber verleumden möchten, sondern die Eskalation des Mobbingprozesses verhindern wollen. Dieser Argumentation kann sich die Personalabteilung (PA) schlecht entziehen, weil sie ja die Interessen des Unternehmens zu wahren hat. Die PA kann vor allem bei möglichen Versetzungswünschen behilflich sein und kann zudem Druck auf die betreffenden Abteilungsleiter ausüben, sich in den Konflikt einzuschalten. Das genaue Vorgehen ist wiederum abhängig vom dem Machtgefüge in einem Unternehmen. Es gibt durchaus PA, die sehr viel Gestaltungsspielraum haben, ebenso wie solche, die sich nur um Gehaltsabrechnungen kümmern. Aber auch hier kann es passieren, dass sich niemand des Falles annehmen möchte.

Was der BR bewirken kann

Gehen wir aber einmal vom günstigsten Fall aus: Der Betriebsrat engagiert sich, die Leitungsebene wird aufmerksam und nimmt sich des Falls an. Auf einmal scheint eine Unterbindung des Konfliktes möglich. Vielleicht ist es auch zu einer Veränderung des Kräfteverhältnisses gekommen, weil sich jetzt einflussreiche Personen für Sie einsetzen. Oder es wurden sogar disziplinarische Maßnahmen ergriffen, wobei der Mobber nach Vermittlung durch den BR verwarnt oder abgemahnt wurde, und weitere Mobbingangriffe unterbleiben. Am wahrscheinlichsten ist aber, dass man die Konfliktparteien einfach trennt, d. h. dass man Sie oder den Mobber oder auch Sie beide so versetzt, dass Sie sich nicht mehr über den Weg laufen oder nur noch das Nötigste miteinander zu tun haben. Das ist zwar nicht die eleganteste Lösung, aber zumindest ist der Eskalationsprozess erst einmal unterbrochen und Sie sind mit einem blauen Auge davongekommen.

Psychologische und rechtliche Hilfe einholen

Wie aber handeln, wenn die bisherigen Maßnahmen nicht geholfen haben? Sie haben ganz couragiert versucht, selbst den Fall anzusprechen, Sie haben den Vorgesetzten informiert und auch eine Vertrauensperson gefunden und diese ins Bild gesetzt. Wenn nun selbst die betriebliche Interessenvertretung und die Personalabteilung keine Hilfestellung leisten oder dies erfolglos versucht haben, ist ein sehr kritischer Punkt erreicht. Der Konflikt dürfte inzwischen betriebsöffentlich sein (d. h., er hat sich überall herumgesprochen und ist nicht mehr nur auf die Abteilung begrenzt), und vielleicht kam es auch schon zu arbeitsrechtlichen Maßnahmen gegen Sie und/oder den Mobber, wie Abmahnungen oder

Versetzungen. Möglicherweise sind Sie auch schon längere Zeit krankgeschrieben.

Wenn Sie sich jetzt noch weiter in Ihre unglückliche Situation hineinsteigern, dann kann es passieren, dass Sie sich auch die letzten Sympathien verscherzen. Es macht sich allgemeiner Unmut breit. Sie befinden sich in einer Negativspirale, und weitere Eingaben und Proteste halten Sie nur weiter darin gefangen. Es scheint, als wolle oder dürfe in der Firma niemand für den Fall Verständnis zeigen. Spätestens jetzt müssen Sie sich eine Rechtsberatung und psychologische Hilfe suchen. Den Juristen benötigen Sie für die arbeitsrechtlichen Fragen (Kündigung, Abmahnung, Abfindung, Schadensersatz usw.), den Psychologen für die Wiederherstellung Ihres Selbstwertgefühls. Zusätzlich brauchen Sie natürlich die Hilfe Ihres Hausarztes, der Sie zur Not krankschreiben kann (wenn dies nicht schon ohnehin geschehen ist).

Psychologische Beratung

Zur psychologischen Unterstützung können neben einer Therapie auch Beratungen, Coachings und Selbsthilfegruppen beitragen. Es gibt Mobbingberatungsstellen und Sorgentelefone, einige Adressen finden Sie auf S. 121. Bei der Suche nach einem Psychologen kann Ihr Hausarzt Sie beraten oder Ihnen eine Empfehlung geben. Lassen Sie sich bei Therapeuten nicht von langen Wartezeiten abschrecken. Psychotherapie ist sehr stark nachgefragt und nicht immer ist sofort ein Platz frei. Da hilft nur Hartnäckigkeit. Als Überbrückung kann man eine der oben erwähnten Selbsthilfegruppen besuchen.

Weitere sinnvolle Maßnahmen sind je nach persönlicher Situation:

- Eine Rehabilitationsbehandlung („Kur"): Diese ist vor allem bei längerer Krankschreibung sinnvoll, um wieder zu Kräften zu kommen und um eine mögliche Rückkehr an den alten Arbeitsplatz vorab mit Fachleuten wie Ärzten und Psychologen zu besprechen.

- Berufsfördernde Maßnahmen: Diese lohnen vor allem dann, wenn sich abzeichnet, dass ein Verbleib auf dem Arbeitsplatz zu einer erheblichen Gefährdung der Leistungsfähigkeit führen würde. Das Arbeitsamt (bei Arbeitslosigkeit) und die Rentenversicherung (bei längerer Krankheit) leisten Hilfestellung. s. S. 65

- Eine neue Lebensplanung: Sie kommen an Ihrem derzeitigen Arbeitsplatz nicht mehr weiter und haben das Gefühl, dass erst einmal Ihre seelischen Wunden mithilfe von Psychotherapie und unter ärztlicher Betreuung verheilen müssen. Zu einer neuen Lebensplanung gehört vor allem, sich beruflich neu zu orientieren sowie sich von der alten Stelle in einer Art Trauerprozess zu verabschieden.

Was übrigens häufig vergessen wird, wenn man über eine berufliche Neuorientierung nachdenkt, ist das Zeugnis! Wer lange in einer Firma tätig war, hat sich vielleicht noch nie ein Zeugnis ausstellen lassen. Sie brauchen es aber, um sich zu bewerben. Damit sich der Mobbingprozess nicht im Zeugnis niederschlägt, sollten Sie es unbedingt durch einen auf Arbeitsrecht spezialisierten Anwalt prüfen lassen.

Rechtliche Möglichkeiten

Als Betroffener haben Sie mehrere Beschwerdeoptionen, bis hin zur Möglichkeit der Klage und eines Prozesses. Unternehmen Sie aber keine übereilten Schritte, sondern informieren Sie sich vorher genau und beauftragen Sie einen Anwalt mit der Wahrnehmung Ihrer Interessen. In fortgeschrittenen Mobbingprozessen werden Sie ohne juristischen Beistand nicht weiter kommen. Zu Ihren Verteidigungsstrategien kann es übrigens durchaus gehören, den Gegner einzuschüchtern. Nach juristischer Beratung (und erst dann) können Sie rechtliche Schritte konkret benennen und auch glaubhaft ankündigen. Sie müssen Ihren Worten dann aber auch Taten folgen lassen, sonst gelten Sie rasch als unglaubwürdig.

> Es gibt in Deutschland keine Möglichkeit, gegen Mobbing an sich rechtlich vorzugehen. Hingegen man kann gegen einzelne Handlungen, die Teil des Mobbings bilden, vorgehen.

Beschwerden

Sehen wir uns zunächst Ihre Beschwerdeoptionen an:

- Ein Betroffener hat das Beschwerderecht beim Arbeitgeber (§ 84 BetrVG). Dieser muss die Beschwerde prüfen und – wenn er sie für berechtigt hält – Abhilfe schaffen. Hilft der Arbeitgeber nicht ab, kann er verklagt werden.

- Der Betroffene hat darüber hinaus das Beschwerderecht bei externen Stellen (§ 17 Abs. 2 ArbSchG). So kann er sich bei Behörden wie dem Landesamt für Arbeitsschutz beschweren, nachdem innerbetrieblich alles versucht wurde.

- Ebenso kann er sich an den Betriebsarzt (§ 3 ArbSiG) und an der Ausschuss für Arbeitssicherheit wenden. Diese haben jedoch nur beratende Funktion. Die Hilfe des Betriebsarztes ist aber bei Wiedereingliederungen und Versetzungen nicht zu unterschätzen.

- Schließlich hat er das Beschwerderecht beim Betriebsrat (§ 85 Abs.1 BetrVG). Der BR prüft die Beschwerde und hat verschiedene Möglichkeiten zu helfen, einschließlich der Anrufung einer Einigungsstelle.

- Im Rahmen des Beschwerdeverfahrens kann ein Versetzungsantrag gestellt werden. Dies ist vor allem sinnvoll, wenn das Mobbing vom Vorgesetzten ausgeht, kann aber ggf. auch bei Kollegenmobbing angezeigt sein.

- In manchen Betrieben gibt es eine Betriebsvereinbarung gegen Mobbing, die entsprechende Rechte und Vorgehensweisen festlegen. Prüfen Sie, ob in Ihrem Betrieb eine solche Vereinbarung existiert. Die Betriebsvereinbarung legt genau fest, an wen man sich zu wenden hat. In zertifizierten Betrieben steht so etwas üblicherweise im Qualitätsmanagement-Handbuch.

- Es besteht ein Anspruch auf vertragsgemäße Beschäftigung. Dieser greift vor allem bei der Zuweisung von erniedrigenden Aufgaben oder Tätigkeiten, die von den bisherigen stark abweichen. Dazu gibt es Grundsatzentscheidungen des Bundesarbeitsgerichtes. In diesem Fall bedarf es unbedingt juristischen Beistands.

- Es besteht ein Anspruch auf Behandlung nach „Recht und Billigkeit" durch den Arbeitgeber (§ 75 Abs. 1 BetrVG).

Hier gibt es Überschneidungen mit dem neueren Allgemeinen Gleichbehandlungsgesetz (AGG). Die Details müssen bei einem Experten erfragt werden.

Klage

Bleibt eine Beschwerde fruchtlos, kommt es zur Klage und zum Rechtsstreit. Spätestens jetzt benötigen Sie einen Fachanwalt für Arbeitsrecht. Im Folgenden sind die häufigsten Klagemöglichkeiten erwähnt:

- Es besteht ein Anspruch auf Zurücknahme einer ungerechtfertigten Kündigung (§§ 823, 1004 BGB). Auch eine ungerechtfertigte Abmahnung und Versetzung muss ggf. zurückgenommen werden.

- Es bestehen sogenannte zivilrechtliche Unterlassungs- und Beseitigungsansprüche (§§ 12, 862, 1004 BGB), wenn es durch Mobbing zu einem Eingriff in das Persönlichkeitsrecht gekommen ist.

- Es besteht möglicherweise Anspruch auf Schadensersatz und Schmerzensgeld (§§ 823 ff BGB, § 847 BGB). Besonders interessant sind diese Ansprüche im Zusammenhang mit einer Beendigung des Arbeitsverhältnisses.

- Schließlich existieren noch strafrechtliche Möglichkeiten. Dieser Bereich ist sehr umfangreich und umfasst z. B. Körperverletzung, Beleidigung, üble Nachrede oder Verleumdung, außerdem Nötigung (= unter Androhung zu etwas gezwungen werden), Körperverletzung, sexuelle Belästigung und Sachbeschädigung. In diesen Fällen gibt es die Möglichkeit der Strafanzeige bzw. eines Privatklageverfahrens. Auch das müssen Sie sich von einem Juristen genau erklären lassen.

Ein Problem liegt darin, Zeugen zu finden, die bereit sind, gegen ihren Arbeitgeber auszusagen. Man will ja nicht als Nestbeschmutzer gelten. Die Beweislast liegt beim Mobbingopfer. Mobbing besteht aus mehreren Einzelhandlungen. Formal muss es daher gelingen, die Sachlage so darzustellen, dass auf diese Einzelhandlungen das sogenannte Prinzip der „globalen Beurteilung" angewendet wird. Es nützt wenig, wenn z. B. von 22 Beleidigungen nur drei Einzelvorgänge geahndet werden und man nicht die allgemeine Tendenz zu Schikane und Ausgrenzung anerkennt. Auch der Kausalzusammenhang zwischen einzelnen Handlungen und ihren Folgen ist oft schwer zu belegen. Schließlich muss ein Angestellter auch kritikfähig sein und mit Kontrollen durch Vorgesetzte rechnen.

Wenn es zum Prozess kommt

Prozesse dauern oft relativ lange und nur wenige halten es aus, länger als zwölf Monate mit dem Arbeitgeber (Regelfall) oder einem Kollegen (eher die Ausnahme) im Streit zu liegen. Ein Arbeitgeber kann Prozesse auch in die Länge ziehen, bis der Gegenseite das Durchhaltevermögen ausgeht. In den letzten Jahren haben immerhin mehrere Musterurteile die Rechte von Mobbingopfern gestärkt. Personen, die solche Prozesse gewonnen haben, berichten allerdings über noch schwierigere Bedingungen nach ihrer Rückkehr ins Unternehmen, weil ihr Arbeitgeber durch den Prozess sein Gesicht verloren zu haben glaubte. Oft wird dann ein Arbeitsverhältnis aufgelöst, weil die Vertrauensbasis auf beiden Seiten nicht mehr vorhanden ist.

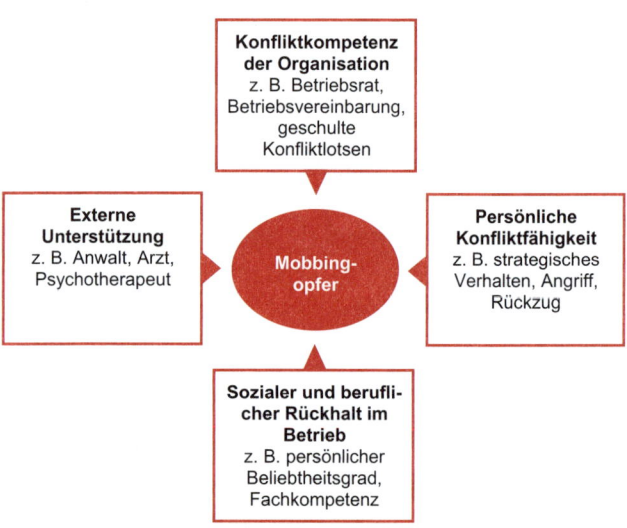

Was hilft bei Mobbing?

Belastbarer und stabiler werden

Eine Frage, die im Zusammenhang mit Mobbing immer wieder auftaucht: Kann man die eigene Belastbarkeit steigern, um das Mobbing besser zu ertragen (während man parallel versucht, es zu unterbinden)? Gibt es z. B. eine Technik, die einem hilft, die innere Ruhe zu bewahren, wenn der Chef einen anschreit?

Aussitzen

Beispiel: Nur noch ein paar Jahre

 Herr H. rechnet sich wenig Möglichkeiten aus, die Rahmenbedingungen an seinem Arbeitsplatz zu verändern. Es gibt praktisch keine Versetzungsmöglichkeiten, die Firma ist sehr klein. Herr H. hat nur noch wenige Jahre bis zur Rente. Er lebt in einer strukturschwachen Region und würde keine andere Arbeit finden. Er hat es schon versucht, aber überall nur gehört, er sei zu alt. Auch hat er schon eine sehr lange Betriebszugehörigkeit, die mit einigen vertraglichen Vorteilen verbunden ist, die er nicht aufgeben möchte. Er überlegt sich also, welche Möglichkeiten es gibt, um das Mobbing noch eine begrenzte Zeit auszuhalten.

In unserem Beispiel muss Herr H. eine begrenzte Zeit überbrücken. Es gibt dafür keine Erfolgsgarantie, der Versuch kann auch fehlschlagen. Diese Strategie kommt für Sie in Frage, wenn nur noch ein überschaubarer Zeitraum vor Ihnen liegt. Sie haben sich in diesem Fall vorher genauestens informiert, wann Sie frühestens (z. B. mit Abzügen) in Rente gehen können, oder wissen bereits, dass der Mobber in absehbarer Zeit die Abteilung wechselt oder seinerseits in Rente geht. Sie müssen also vielleicht noch zwei oder drei Jahre Zeit gewinnen und wollen es versuchen. In Absprache mit Ihrem Hausarzt können Sie ggf. auch durch Auszeiten (Krankschreibung, Kur) Zeit gewinnen.

Das dicke Fell

Auch wenn Sie noch viele Berufsjahre vor sich haben, lohnt es sich natürlich, Ihre Abgrenzungsfähigkeit zu verstärken. Schützen müssen Sie sich ohnehin, nicht nur, wenn keine Jobalternativen in Frage kommen. Das Bemühen um Selbstschutz sollte jedoch nicht dazu führen, dass Sie auf weitere Maßnahmen verzichten. An erster Stelle muss immer der Versuch stehen, das Mobbing zu unterbinden, und nicht, es besonders heldenhaft auszuhalten. Aussitzstrategien haben ihre Grenzen. Unterschätzen Sie die Wirkung des Mobbings nicht! Bis zu einem gewissen Grad kann es tatsächlich gelingen, die eigene Einstellung und Haltung zu verändern, sodass einen das Mobbing nicht mehr so verletzt. So gilt es zu lernen, sich Beleidigungen nicht so nahe gehen zu lassen, Abstand zu den Gehässigkeiten des Kollegen oder des Vorgesetzten aufzubauen und auch einmal innerlich auf Durchzug zu schalten.

Beispiel: Positive Ablenkung

Frau T. hat an der VHS einen Kurs zur Stressbewältigung besucht. Sie hat dort verschiedene Techniken zur Aufmerksamkeitslenkung gelernt. Wenn ihre Kollegin Frau O. mal wieder gehässig ist, lenkt sie sich bewusst ab. Sie legt z. B. eine Kaffeepause ein und verlässt das Büro, oder sie richtet Ihre Aufmerksamkeit auf angenehme Außenreize wie kraftspendende Bilder auf ihrem Schreibtisch. Sie betrachtet dann ein Urlaubsfoto oder hört gezielt auf Vogelzwitschern im Hintergrund. Wenn sich die Lage weiter zuspitzt, stellt sie sich in Gedanken ein inneres Stoppschild vor und beschließt, die Situation nicht weiter eskalieren zu lassen. Dann lenkt sie ihre Gedanken auf neutrale oder positive Themen. Sie denkt z. B. an geplante Freizeitaktivitäten, Hobbys und nette Menschen aus ihrem Umfeld. Wenn

Frau T. sich dabei ertappt, negative Gedanken zu wiederholen (wie z. B. „Ich halte das nicht mehr aus!"), unterbricht sie diese und gibt sich stattdessen bewusst positive Selbstanweisungen, wie z. B. „Ich schaffe das!" Sie ermuntert sich sozusagen selbst. Außerdem denkt Frau T. an verschiedene Entspannungsmethoden, wie z. B. ihr abendliches Yoga, das sie noch vor sich hat.

Selbstbewusstsein zeigen

Entmutigen Sie den Mobber: Reagieren Sie nicht auf verbale Angriffe. Lernen Sie Schlagfertigkeit (z. B. in einem Rhetorikkurs an der VHS, s. auch die TaschenGuides „Schlagfertigkeit" oder „Rhetorik") und wenden Sie diese Techniken an. Finden Sie Ihre eigenen Schwachstellen heraus (nicht nur die des Mobbers) und mindern Sie in diesem Bereich Ihre Angreifbarkeit. Nehmen wir z. B. an, dass Sie mit einer neuen Computersoftware nicht sicher umgehen können und Ihnen das immer wieder vorgeworfen wird. Dann könnten Sie z. B. einen entsprechenden Lehrgang besuchen. Sobald Sie sicherer geworden sind, bieten Sie weniger Angriffsfläche. Grundsätzlich gilt es, dem Mobber gegenüber mehr Selbstbewusstsein zu zeigen. Sie wissen, was Sie können. Warum sollte auf einmal etwas schlecht sein, was Sie vorher jahrelang richtig gemacht haben?

Ausgleich in der Freizeit

Daneben müssen Sie alles tun, um sich zu stabilisieren. Finden Sie einen Ausgleich, der Ihnen hilft, mit der Situation besser umzugehen. Wenn Sie im Freizeitbereich für Ausgleich und Unterstützung sorgen, sind Sie gelassener und beruflich nicht mehr so angreifbar. Wenn Sie ausgeglichen zur Arbeit gehen und wissen, dass Sie sich später wieder in Ihren sicheren Hafen zurückziehen können, ertragen Sie auch mehr.

Stress wirkt sich sowohl auf der körperlichen wie auch auf der seelischen Ebene aus. Durch das Mobbing werden Sie in einem ständigen Anspannungszustand gehalten. Klassische Folgen sind psychosomatische Beschwerden. Um die körperliche Anspannung abzubauen, können Sie z. B. Sport treiben oder Entspannungs- und/oder Meditationsübungen praktizieren. Machen Sie sich aber nichts vor. Sport und Entspannung sollen nicht eine Art Kosmetik sein, um die lästigen Spannungssymptome endlich loszuwerden. Nicht umsonst sendet der Körper ja die Stresssignale, um darauf hinzuweisen, dass etwas nicht in Ordnung ist. Das bloße Wegtherapieren der Symptome ändert nichts an deren Ursachen. Mit denen müssen Sie sich natürlich weiter auseinandersetzen, z. B. in einer Therapie oder Selbsthilfegruppe.

Neubewertung der Situation

Stress hat sehr viel mit der Bewertung einer Situation zu tun. Wenn man einer Situation eine andere Bedeutung gebe, verursacht sie vielleicht auch weniger Stress. Sie kennen sicherlich die Metapher von dem Glas, das je nach Betrachter entweder halb voll oder halb leer ist. Wenn Sie sich intensiv mit folgenden Fragen beschäftigen, gelingt es Ihnen vielleicht, mehr Abstand zu gewinnen und etwas gelassener zu werden. Psychologen nennen das „kognitive Umstrukturierung".

Leitfragen, um die Situation neu zu bewerten

⬇ 1 **Gebe ich mir eine Teilschuld an dem Konflikt**?
Was kann ich gegen diese Schuldgefühle tun und wie
kann ich mich selbst weniger anklagen? Haben die
anderen vielleicht sogar Recht, wenn sie mich mei-
den? Habe ich Selbstzweifel? Eine Neubewertung wäre z. B. der Satz: „Ich habe mir nichts vorzuwerfen"
oder „Ich bin nicht auf die Gunst von XYZ angewiesen."

⬇ 2 **Wie denke ich über die Angreifer?**
Gibt es bei mir Rachegefühle? Was kann ich tun, um
meinen Ärger besser zu kontrollieren? Eine Neubewertung wäre z. B.: „Ich habe so einen Konflikt gar
nicht nötig."

⬇ 3 **Welche Motive vermute ich bei meinen Angrei-
fern?**
Habe ich mich genügend in sie hineinversetzt? Habe
ich versucht, die Situation zu verstehen? Neubewertung: „Ich habe alles versucht, um den Frieden wie-
derherzustellen. Es besteht offenbar kein Interesse an
einer Lösung. Dann halt nicht! Damit kann ich auch
leben."

⬇ 4 **Wie gehe ich mit der Kränkung um?**
Was kann ich gegen das Gefühl tun, mich jahrelang
engagiert zu haben und jetzt fallengelassen zu werden, weil man mich nicht mehr braucht? Neubewertung: „Auch wenn ich es bisher nicht wahrhaben
wollte, ist jeder Mensch ersetzlich. Damit muss ich

mich abfinden. Ich bin nicht auf die Anerkennung dieser unkollegialen Menschen angewiesen."

5 Wie gehe ich damit um, dass man mir nicht so hilft, wie ich mir das wünsche?
Neubewertung: „Recht haben und Recht bekommen sind zweierlei. Ich finde mich damit ab."

6 Welche der Mobbinghandlungen sind für mich am gefährlichsten oder meisten belastend?
Neubewertung: „Das ist etwas, was ich mir ab jetzt nicht mehr gefallen lassen will. Ich setze hier eine Grenze. Ich rede mir die Situation nicht mehr schön."

7 Stelle ich bestimmte Prinzipien und Werte anderer in Frage?
Neubewertung: „Es müssen ja nicht alle derselben Meinung sein wie ich."

Ausgleich auf der Gefühlsebene

Im emotionalen Bereich ist für eine gute soziale Unterstützung zu sorgen, vor allem im Familien- und Freundeskreis. Natürlich kommen auch Kollegen in Frage, zu denen man ein gutes Verhältnis hat, und man kann versuchen, sie als Verbündete zu gewinnen. Gerade diese Hilfsquelle wird aber im Mobbingprozess häufig gezielt angegriffen (Stichwort: Isolierung). Dennoch gelingt es vielleicht, sich zumindest die Solidarität einiger Kollegen zu bewahren. Arbeitsfreundschaften sind aber vergleichsweise zerbrechlich. Freunde und Familienangehörige sind da verlässlicher und sollten einem Rückhalt geben. Bei ihnen findet man Trost und Unterstützung. Mit ihnen kann man für Zufriedenheitserlebnisse in der Freizeit sorgen, die einem helfen, abzuschalten und den Kummer und Ärger aus der Arbeit hinter sich zu lassen. Pflegen Sie Ihren Freundeskreis und planen Sie ausreichend Zeit mit Ihrer Familie ein.

> Mobbing greift die soziale Ebene an. Das führt zu Rückzug. Dieser verstärkt Selbstzweifel und nagt am Selbstwertgefühl. Ziehen Sie sich also nicht zurück, sondern pflegen Sie Ihre sozialen Kontakte mit den Menschen, die es gut mit Ihnen meinen.

Sprechen Sie die Probleme auf der Arbeit ruhig zu Hause an und versichern Sie sich dieser Unterstützung. Aber Vorsicht! Es kann passieren, dass sich Ihr privates Umfeld durch Ihre Sorgen überfordert fühlt. Wenn sich der Mobbingprozess lange hinzieht, wollen sich Ihre Familienangehörige und Freunde vielleicht irgendwann nicht mehr die immer gleichen Geschichten anhören. Wägen Sie also ab, wie viel Sie Ihrem Umfeld zumuten können. Behalten Sie aber auch nicht alles für sich, weil Sie niemandem zur Last fallen wollen. Sollten Sie allerdings merken, dass Sie zusätzliche Unterstützung benötigen, zögern Sie nicht, Ihren Hausarzt aufzusuchen oder ein Beratungsgespräch beim Psychotherapeuten in Anspruch zu nehmen.

Was Sie vermeiden sollten

Die beschriebenen Maßnahmen sind konstruktive Lösungsversuche. Es gibt aber auch ungünstige Formen der Mobbingbewältigung. Diese sollten Sie auf jeden Fall vermeiden!

Achtung Suchtgefahr!

Die Versuchung ist groß, früher oder später Medikamente einzunehmen oder sich zu dopen. Es mag vorübergehend sinnvoll sein, in Absprache mit Ihrem Arzt Medikamente einzunehmen, um sich zu stabilisieren. Doch für diese gilt ebenso wie für Sport und Entspannungsmethoden, dass sie zwar die Symptome lindern, aber nicht die Ursache beheben. Besonders Beruhigungsmittel (sogenannte Tranquilizer) können nur kurz eingenommen werden, bevor eine Medikamentenabhängigkeit entsteht. Wägen Sie also gemeinsam mit Ihrem Arzt genau die Vor- und Nachteile gegeneinander ab.

Dasselbe gilt für Aufputschmittel, die bei der Stressbewältigung helfen sollen. Wenn Sie sich dopen, um länger wach zu bleiben oder besser durchzuhalten, verschieben Sie zusätzlich Ihren Schlaf-Wach-Rhythmus – ein weiteres Problem entsteht.

Eins der gefährlichsten Ventile ist aber der Alkohol. Kurzfristig ist seine Wirkung vielleicht entspannend und erleichternd. Langfristig (und in größeren Mengen) wirkt er aber abstumpfend und dämpfend, ganz zu schweigen von der drohenden Abhängigkeit. Sie geben außerdem den Mobbern eine Steilvorlage, wenn man irgendwie mitbekommt, dass Sie vermehrt trinken! Dasselbe gilt für andere Süchte. Es fängt zunächst als ein Ventil an, um Frust abzulassen, und wird dann zur Sucht. Essen, Glücksspiel und Arbeitssucht aus Frust sind Klassiker und ein Zeichen für die Flucht aus der Realität. Lassen Sie den Kühlschrank zu! Keine Frustkäufe! Kein Zocken! Keine Flucht in die Arbeit!

Übrigens: Wenn Sie mehr arbeiten, um zu beweisen, dass die Mobbingvorwürfe gegen Sie nicht gerechtfertigt sind, geraten Sie nur in eine unnötige Rechtfertigungsfalle. Wenn Sie nur noch bei der Arbeit sind, weil Sie Ihr soziales Netz gekappt haben, und es außer der Arbeit keinen Lebensinhalt mehr für Sie gibt, dann wird es dringend Zeit für eine Kehrtwende. Entdecken Sie schleunigst wieder Ihr Privatleben!

Auf keinen Fall: Die Opferhaltung verfestigen

Sie müssen irgendwann die Opferrolle ablegen. Vermeiden Sie es, zu einem professionellen Benachteiligten und hauptamtlich ungerecht Behandelten zu werden, der sich von morgens bis abends nur noch damit beschäftigt, welches Unrecht ihm widerfahren ist. Machen Sie aus dem Mobbing keine Obsession. Wenn Sie laufend Ihre Ärzte und Anwälte, Selbsthilfegruppen und Psychotherapeuten wechseln, weil Sie scheinbar niemand versteht, haben Sie sich womöglich zu sehr auf das Thema versteift und ihm zu viel Raum gegeben. Es gilt stattdessen, das Leben jenseits des Mobbings wieder zu entdecken.

Selbst mobben

Dies ist ein Tabuthema, das sehr kontrovers diskutiert wird. Dennoch steht es natürlich im Raum. Wenn die konventionellen Gegenmaßnahmen wie das klärende Gespräch oder das Einschalten von Vorgesetzten und Betriebsrat wirkungslos geblieben sind, dann kommt man vielleicht auf die Idee, selbst für „Gerechtigkeit" zu sorgen. Soll man sich alles gefallen lassen? Ist nicht der, der nachgibt, immer der Dumme? Gibt es nicht ein Recht auf Selbstverteidigung? Der Hauptkritikpunkt an dieser Vorgehensweise lautet, dass Sie sich auf dasselbe Niveau wie das des Mobbers herablassen. Damit tragen Sie zu dem bereits bestehenden schlechten Betriebsklima bei. Umgekehrt kann Ihnen jetzt auch vonseiten der Vorgesetzten oder Kollegen vorgeworfen werden, dass Sie ja auch nicht viel besser seien. Sie bewegen sich also auf Glatteis.

Beispiel:

 Herr L. wird schon seit längerer Zeit von Herrn B. geschnitten. Im Rahmen einer Urlaubsplanung bietet sich die Gelegenheit zur Revanche. Es gelingt Herrn L., den dringend benötigten Urlaub von Herrn B. zu kippen. Als er außerdem mitbekommt, dass Herrn B. ein gravierender Fehler in einer Abrechnung unterlaufen ist, schwärzt er ihn bei der Geschäftsleitung an. Befriedigend ist die Situation trotzdem nicht. Es wird für die beiden Kollegen dadurch noch schwieriger, sich zu verständigen, und bei Herrn L. entwickeln sich die ersten Schlafstörungen, die er medikamentös unterdrückt.

Das Mobbing ist zu Ende – was bleibt zu tun?

Wie endet ein Mobbingprozess? Nachdem alle in diesem Kapitel geschilderten Maßnahmen ergriffen wurden, kann sich die Situation folgendermaßen darstellen.

Äußerliche Situation

Die Lösung des Konfliktes hängt von der Schwere der Mobbinghandlungen, von deren Dauer und von den beteiligten Personen ab. Wenn die Interventionen erfolgreich waren, dann kann Folgendes passiert sein:

- Einsicht: Der Mobber sieht seinen Fehler glaubhaft ein und entschuldigt sich. Es kommt zur Versöhnung.

- Versachlichung des Konflikts: Ein ursprünglicher Sachkonflikt war irgendwann auf die persönliche Ebene gewechselt. Es gelingt, ihn wieder auf die Sachebene zurückzuholen.

- Veränderung des Kräfteverhältnisses: Der Betroffene hat sich erfolgreich gewehrt. Der Betrieb missbilligt das Geschehen. Kollegen haben sich mit dem Opfer solidarisiert. Weitere Mobbinghandlungen wurden erfolgreich durch Verwarnungen unterdrückt.

- Trennung der Konfliktparteien: Der Mobber, der Betroffene oder beide werden versetzt. Die Kontrahenten laufen sich nun nicht mehr über den Weg oder haben nur noch das Nötigste miteinander zu tun.

- Nachhaltige Bestrafung des Mobbers durch Disziplinarmaßnahmen: Das ist natürlich der ungünstigste Verlauf. Vorgesetzte greifen nur dann zu solchen Maßnahmen, wenn sie dazu gezwungen werden und alle Schlichtungsversuche gescheitert sind. Vielleicht haben Abmahnungen das Mobbing unterbunden. Leider kann es im Einzelfall erforderlich werden, dem Täter zu kündigen. Hier liegt natürlich keine Aussöhnung mehr vor, sondern man hat die Notbremse gezogen, weil alle anderen Maßnahmen nicht gegriffen haben.

Von betrieblicher Seite wurde damit alles nur Denkbare getan. Im Idealfall wird der Konflikt nun außerdem über mehrere Monate genau beobachtet, um sicherzustellen, dass er wirklich befriedet wurde.

Die psychische Befindlichkeit

Wenn der Mobbingprozess länger angedauert hat, ist damit zu rechnen, dass sich eine psychische, soziale und vielleicht auch körperliche Beeinträchtigung entwickelt hat. Der Betroffene braucht also die Möglichkeit zur Heilung.

> Im Anschluss an Mobbing muss mit einer längeren Erholungs- und Verarbeitungsphase gerechnet werden. Diese sollte mit ärztlicher und psychotherapeutischer Unterstützung einhergehen.

Kränkungen und Enttäuschungen verarbeiten

Nehmen wir einmal an, das Mobbing wurde beendet. Es kann nun sein, dass Sie mit der Lösung zufrieden sind, vielleicht haben Sie sich aber auch mehr versprochen. Sie hatten womöglich gehofft, dass der Mobber entlassen wird, doch nun ist er immer noch im Betrieb, wenn auch in einer anderen Abteilung. Oder es waren mehrere Personen beteiligt und die Situation war so komplex, dass keine einfache Lösung zustande kam. Vielleicht hat die Geschäftsleitung sogar Ihre eigene Versetzung angeordnet, d. h., Sie mussten weichen, obwohl Sie doch eigentlich unschuldig waren. Angesichts dieser Lösung sind Sie nun empört, denn es wurde nur ein fauler Kompromiss erzielt. Das wird in vielen Fällen geschehen. Wir erinnern uns: Trotz der zahlreichen rechtlichen Möglichkeiten lässt sich Mobbing oft nur schwer beweisen. Im innerbetrieblichen Machtgefüge gibt es oft keine hundertprozentige Gerechtigkeit. Die Vorgesetzten haben Vor- und Nachteile gegeneinander abgewogen und sind zu keiner besseren Lösung gekommen.

Ihre Enttäuschung ist jetzt verständlich und nachvollziehbar. Sie können diese Frustration und scheinbar ungerechte Behandlung durchaus mit Ihrem Vorgesetzten, Ihrem Arzt oder Therapeuten und Ihrer Familie sowie Ihren Freunden noch einmal besprechen. Dennoch müssen Sie jetzt irgendwann an einen Punkt gelangen, wo sie Abstand gewinnen und einen befriedigenden Neuanfang gestalten können. Es besteht sonst die Gefahr, dass Sie keine Ruhe finden und sich immer weiter in Gerechtigkeitsforderungen hineinsteigern. So berauben Sich einer Chance. Für einen Neuanfang muss man irgendwann die Vergangenheit hinter sich lassen. Das ist wie in einem Trauerprozess. Lassen Sie sich von Ihrem sozialen Umfeld dabei helfen und nehmen Sie sich genügend Zeit.

Beispiel

 Herr G. sah irgendwann ein, dass eine gerechte Auflösung der Mobbingsituation nach seinen Vorstellungen nicht möglich war. Die Situation war sehr komplex, und einige betriebliche Interessen mussten gewahrt werden. Deshalb erschien ihm der ausgehandelte Kompromiss der Geschäftsleitung nur als halbherzig. Er akzeptierte ihn aber und machte das Beste daraus. Der Psychotherapeut von Herrn G. zeigte ihm einige Übungen zur Trauerbewältigung und zum Thema „Loslassen". Herr G. trat außerdem einen längeren Urlaub mit seiner Familie an und nahm alte Hobbys wieder auf, die er jahrelang vernachlässigt hatte. Irgendwann gelang es ihm, genügend Abstand zu gewinnen.

Ich behaupte nicht, dass das Mobbing zu diesem Zeitpunkt bagatellisiert werden sollte. Der Betroffene ist ja tatsächlich gekränkt und erniedrigt worden. Das Ziel ist aber, dass Sie durch die Erfahrung gestärkt werden und Ihre Wunden irgendwann verheilt sind. Wenn die Mobbinghandlungen wirklich ein Ende gefunden haben, sollte es mit Hilfe Ihrer Unterstützer gelingen, über diese Erfahrung hinwegzukommen. Schwieriger wird es sicherlich, wenn Sie durch eine Versetzung aus der Schusslinie genommen wurden, noch schwieriger (aber nicht unmöglich), wenn sie nur durch eine Kündigung einen Schlussstrich ziehen konnten. In diesem Fall wird der Prozess der Heilung und Stabilisierung wahrscheinlich längere Zeit in Anspruch nehmen. Vielleicht sind Sie aber auch froh, alles endlich hinter sich zu wissen und einen Schlussstrich ziehen zu können.

Positive Aspekte würdigen

Mobbingopfer, die vor Ihnen diesen Prozess erfolgreich durchlaufen haben, berichten über die folgenden Aspekte, die ihnen bei der inneren Verarbeitung geholfen haben:

- Erlebt zu haben, dass der ehemalige Mobber selbst irgendwann Opfer seiner Negativität wurde
- In Selbsthilfegruppen erfahren zu haben, dass auch andere „starke" Persönlichkeiten unter Mobbing litten
- Die eigene Schwäche und Hilflosigkeit des Mobbers durchschaut zu haben
- Einen Ansehensverlust des Mobbers erlebt zu haben
- Die Situation erhobenen Hauptes überstanden zu haben
- Trotz des Mobbings berufliche Anerkennung erfahren zu haben
- Die Sympathie von Arbeitskollegen und/oder Vorgesetzten gewonnen zu haben
- Solidarität durch Freunde und Familie erfahren zu haben
- Den Glauben an sich selbst bewahrt zu haben
- Über sich selbst hinausgewachsen zu sein
- Selbst gerecht und fair geblieben zu sein

Dies sind nur ein paar Anregungen von Menschen, die das Mobbing psychisch verarbeitet haben und die hinterher von sich sagen konnten, gestärkt und gewachsen aus dieser Erfahrung herausgekommen zu sein. Es gibt also Hoffnung!

Auf einen Blick: Sich selbst helfen

- Zuerst gilt es, die Situation zu verstehen (dazu machen Sie eine erste Bestandsaufnahme), Beweise zu sammeln und ein Mobbingtagebuch zu führen. Es empfiehlt sich, Verbündete unter den Arbeitskollegen zu suchen.

- Bisweilen lohnt sich die direkte Konfrontation mit dem Mobber: Ein Konfliktgespräch könnte die Situation klären.

- Wenn das Gespräch scheitert, sollten Sie sich als Nächstes an Vorgesetzte und/oder Betriebsrat wenden.

- Eine Rechtsberatung über die Möglichkeiten und Chancen, rechtliche Mittel zu ergreifen, ist empfehlenswert.

- Wichtig sind Stressabbau (Entspannung, Sport, Hobbys) und Rückhalt in Familie und Freundeskreis.

- Ärztliche und psychologische Betreuung sind hilfreich und ab einer bestimmten Eskalationsstufe sogar unbedingt notwendig.

- In manchen Fällen kann nur die Versetzung oder die eigene Kündigung eine Lösung herbeiführen. Denken Sie im Falle einer Kündigung an das Zeugnis!

- Nach Abschluss des Mobbingprozesses (und währenddessen) müssen Sie die Kränkungen und Enttäuschungen verarbeiten. Lassen Sie sich dabei helfen.

- Irgendwann können Sie den Mobbingprozess auch innerlich hinter sich lassen! Andere Betroffene vor Ihnen haben es bereits geschafft. Sie können es auch. Nur Mut!

Wie können Vorgesetzte und Kollegen helfen?

Wer den Eindruck hat, dass ein Kollege oder Mitarbeiter gemobbt wird, muss nicht tatenlos zusehen. Es gibt einige Möglichkeiten, hilfreich einzugreifen.

In diesem Kapitel lesen Sie,

- was Sie als Führungskraft konkret tun können (ab S. 110),
- wie Sie ein Frühwarnsystem im Unternehmen einrichten und Mobbing effektiv vorbeugen (ab S. 113),
- wie Sie als Kollege aktiv werden (ab S. 118).

Als Führungskraft im konkreten Fall eingreifen

Was kann man als Vorgesetzter tun, um einen konkreten Mobbingfall zu beenden?

Gespräche führen

Wenn Sie auf einen Mobbingfall angesprochen werden, beginnen Sie mit einer Konfliktanalyse. Dazu führen sie Gespräche mit den beteiligten Personen: immer zunächst einzeln, später gemeinsam, sofern dies hilfreich erscheint. Wichtig ist es, während dieser Gespräche sachlich und neutral zu bleiben. Bleiben Sie unparteilich und vermeiden Sie Vorverurteilungen. Unternehmen Sie ggf. einen Schlichtungsversuch, aber bieten Sie keine Patentrezepte an.

Checkliste: Bestandsaufnahme im Gespräch
• Worum geht es in dem Streit?
• Welche Parteien sind beteiligt?
• Wie ist der Konflikt bislang verlaufen? Welche Mobbinghandlungen sind aufgetreten?
• Welche Machtpositionen und Befugnisse haben die Beteiligten?
• Welche Beziehungen haben sie untereinander?
• Welchen Nutzen ziehen die jeweils Beteiligten aus diesen Beziehungen? Welche Nachteile erfahren sie daraus?

- Welche Grundeinstellung zum Konflikt haben die betroffenen Parteien?

- Wird der Konflikt für lösbar gehalten und was wird von einer Lösung erwartet? Welche Lösungen gibt es?

- Droht der Konflikt sich auszuweiten oder ist er begrenzbar?

- Was wurde bisher schon unternommen?

Maßnahmen ergreifen

Nach Abschluss der Analyse, in einem eindeutigen Mobbingfall bei klarer Beweislage und wenn Schlichtungsversuche gescheitert sind, müssen Sie nach anfänglicher Zurückhaltung jetzt eine eindeutige Position beziehen, das destruktive Verhalten aufzeigen und Verhaltensänderungen einfordern. Ggf. müssen Sie jetzt auch Sanktionen androhen und/oder verhängen. Am besten sprechen Sie sich vorher mit Ihrer Rechtsabteilung ab, um die formalen Voraussetzungen hierfür zu klären. Folgende kurzfristige Maßnahmen stehen Ihnen zur Verfügung:

- Räumliche Trennung der Kontrahenten

- Aufgaben der Kontrahenten neu verteilen

- Ermahnung eines oder beider Kontrahenten

- Abmahnung eines oder beider Kontrahenten (wenn die rechtlichen Voraussetzungen dazu gegeben sind)

- Versetzen eines Kontrahenten

- Kündigung des Aggressors (wenn die rechtlichen Voraussetzungen dazu gegeben sind)

- Den Informations- und Kommunikationsfluss unabhängig von den Kontrahenten gestalten, um den Ausschluss einer Partei aus der unternehmensinternen Kommunikation zu verhindern

- Präsenz zeigen: Arbeitsbesprechungen im betroffenen Bereich ausschließlich unter Beteiligung eines Vorgesetzten durchführen

> Disziplinarische Schritte sind möglichst immer mit dem Betriebsrat abzustimmen, der spätestens jetzt eingeschaltet werden muss.

Richtig nachsorgen

Auch wenn der Fall früh erkannt wurde und sich scheinbar lösen ließ, sollten Sie misstrauisch bleiben. Vielleicht ist der Täter jetzt einfach nur vorsichtiger geworden und wird bei passender Gelegenheit wieder aktiv. Sie sollten daher eine Art „Mobbingnachsorge" einrichten. Der Bereich, in dem das Mobbing aufgetreten ist, muss unter Beobachtung bleiben. Sie sollten auch mindestens ein Nachfolgetreffen innerhalb von drei Monaten mit den Beteiligten vereinbaren. Sprechen Sie auch gelegentlich noch einmal das Opfer an und erkundigen Sie sich, ob die Lage sich entspannt hat.

Ein Frühwarnsystem einrichten

Es kann auch sein, dass sich ein Konflikt im Verborgenen abspielt und niemand unmittelbar auf Sie zukommt. Allgemein sollten Sie daher im Sinne eines Frühwarnsystems hellhörig werden,

- wenn sich Mitarbeiter über Angriffe auf ihre Person oder ihre Arbeit beschweren, auch wenn es sich zunächst nur um „Kollegenscherze" zu handeln scheint.

- wenn sich immer dieselben Kollegen in die Haare geraten, trotz aller Vermittlungsversuche – es könnte sich um ein grundlegendes Problem handeln.

- wenn einzelne Mitarbeiter isoliert werden und keine Rückendeckung mehr erhalten.

- wenn ein Mitarbeiter entgegen seiner bisherigen Art auf einmal Aufgaben aus dem Weg geht. Vielleicht will er sich schützen.

- wenn sich die Arbeitsleistung in einem Bereich plötzlich und scheinbar grundlos verändert.

- wenn gehäuft Fehlzeiten und krankheitsbedingte Ausfälle auftreten. Dahinter muss nicht immer eine Überlastung stecken, es kann sich auch um einen Mobbingfall handeln.

Beispiel

 Der Abteilungsleiter S. bemerkte, dass irgendetwas in seiner Abteilung nicht stimmte. Einige Mitarbeiter waren ungewöhnlich lange krank und gingen sich aus dem Weg. Herr W., der immer eine Stütze der Abteilung gewesen war, hatte um Versetzung gebeten. Die Beschwerden über das angeblich besonders unkollegiale Verhalten zweier Mitarbeiter häuften sich. Ein weiterer Mitarbeiter, der sonst immer sehr fröhlich und temperamentvoll war, schwieg und wirkte immer mehr in sich zurückgezogen. Er versuchte eine bestimmte Schicht zu vermeiden, in die die beiden erwähnten Kollegen eingeteilt waren.

Dies sind allgemeine Anzeichen dafür, dass etwas nicht stimmen könnte. Dem sollten Sie kurzfristig, z. B. in Mitarbeitergesprächen, nachgehen. Wenn Sie weiterhin nicht eingeschaltet werden (z. B. weil der Betroffene schüchtern oder misstrauisch ist), sollten Sie geduldig und wiederholt Ihre Gesprächsbereitschaft bekunden und sich als Vermittler zur Verfügung stellen. Darüber hinaus können Sie nur hoffen, dass der Betroffene sich an andere Ansprechpartner im Unternehmen wendet, z. B. den Betriebsrat. Es gibt bisweilen sogar den Sonderfall, dass die Kontrahenten den Streit unter sich ausmachen wollen, d. h. bewusst die Öffentlichkeit nicht einschalten. Sobald aber der Betriebsfrieden leidet oder die Arbeitsabläufe gestört werden, können Sie sich kaum noch aus der Angelegenheit heraushalten und müssen eingreifen.

Mobbing vorbeugen

Welche mittel- und langfristigen Maßnahmen können Sie unabhängig von konkreten Fällen ergreifen? Wie können Sie sozusagen „generalpräventiv" gegen Mobbing vorgehen? Hier einige Empfehlungen:

- Die Unternehmenskultur sollte partnerschaftlich sein, die Organisationsstrukturen überschaubar und der Führungsstil kooperativ. Das mag zunächst sehr allgemein klingen. Damit es nicht bei leeren Floskeln bleibt, sollten Sie über die Bedeutung dieser Begriffe immer wieder nachdenken. Natürlich ist hier die gesamte Führungsmannschaft des Unternehmens gefordert. Ein gutes Qualitätsmanagementteam in einem Unternehmen kann entsprechende Strukturen schaffen. Auch die Geschäftsführung muss einen solchen Wertekanon mittragen und verkörpern. Die genannten Punkte sollten sich durch alle Ebenen des Unternehmens ziehen und von allen Mitarbeitern gelebt werden.

- Mobbing sollte nicht verschwiegen, sondern thematisiert werden. Dazu gehören Aufklärung und Schulung von Mitarbeitern und Vorgesetzten, Informationsveranstaltungen im Betrieb, Betriebsversammlungen, Öffentlichkeits- und Diskussionsveranstaltungen sowie die Erstellung und Verbreitung von Arbeitsmaterialien und Informationen. Wenn Beschäftigte erleben, dass Intrigen als unsozial und unerwünscht gelten, wird Mobbing schwieriger. Diese Maßnahmen sollten möglichst schon umgesetzt werden, bevor in einem Unternehmen erstmals Mobbing auftritt. Sie müssen selbstredend mit der Geschäftsführung abgestimmt sein. Wenn Sie sich auf einer niedrigen Leitungsebene befinden, können Sie derartige Maßnahmen als Prävention deklarieren. Das Unternehmen spart damit Folgekosten durch Personalfluktuation und hohe Fehlzeiten.

- Supervisionsmöglichkeiten, regelmäßige Besprechungen in Arbeitsgruppen sowie Qualitätszirkel machen Konflikte früher transparent, sodass sie sich nicht aufstauen und verschleppt werden. Als allgemeine Regel gilt, Kommuni-

kation und Teamarbeit zu fördern und sich auch selbst ge-
sprächsbereit zu zeigen. Meinungsverschiedenheiten sollten möglichst rasch geklärt werden.

- Ein betrieblicher Mobbing- oder Konfliktbeauftragter
  (Konfliktlotse) sollte ernannt oder eine betriebliche Anlaufstelle für Mobbingbetroffene eingerichtet werden.

- Hilfreich ist auch eine Betriebs- bzw. Dienstvereinbarung
  zur Mobbingproblematik. Eine solche Vereinbarung legt
  einen Verhaltenskodex für die Mitarbeiter fest und be-
  schreibt, wie man im Falle eines Verstoßes dagegen vor-
  geht.

Im Folgenden sind die Kernpunkte einer Betriebsvereinbarung
nach obigem Muster aufgelistet.

Kernpunkte einer Betriebsvereinbarung

- Der Geltungsbereich, d. h., für wen gilt die Vereinbarung?

- Definition: Genaue Bezeichnung und Beschreibung von
  Mobbing im Gegensatz zum Konflikt, Benennung von un-
  tersagten Mobbinghandlungen.

- Die Erklärung der Betriebspartner zur Ächtung von Mobbing (das sog. Belästigungsverbot), der Verhaltenskodex

- Das Beschwerderecht der Betroffenen: Wer kann sich wie,
  wann und wo beschweren?

- Die Zusammensetzung und Kompetenzen der betrieblichen Beschwerdestelle

- Die Interventionspflicht des Arbeitgebers, die Stufen der Beschwerdebehandlung, die im Betrieb geltenden Regeln zur Konfliktbewältigung

- Sanktionen: Mit welchen Sanktionen (bis hin zur Kündigung) ist bei Regelverletzungen zu rechnen? Hinweise zur Störung des Betriebsfriedens

- Benennung und Schulung von Ansprechpartnern im Betrieb (speziell qualifizierte Konfliktberater), deren Qualifizierung und Kompetenzen, die Einrichtung einer Anlaufstelle für Betroffene

- Einrichtung und Zusammensetzung einer Schlichtungsstelle bei Meinungsverschiedenheiten, Aufgaben und Kompetenzen ihrer Mitglieder

- Geltungsdauer und Kündigungsfristen der Vereinbarung

Die Betriebsvereinbarung muss natürlich an die Gegebenheiten des jeweiligen Unternehmens angepasst werden. Sie muss im nächsten Schritt auch gelebt werden. Es nützt wenig, wenn sie abgeheftet im Ordner vor sich hinschlummert.

Was die Interessenvertretung tun kann

Mit „Interessenvertretung" sind hier der Betriebs- oder Personalrat und/oder die Mitarbeitervertretung gemeint. Wird eine Beschwerde an den Betriebsrat herangetragen, macht sich dieser, wie ab S. 82 beschrieben, zunächst unvoreingenommen ein Bild der Lage. Kommt er zu dem Schluss, dass es sich um einen eindeutigen Fall handelt, schaltet er den Arbeitgeber ein. Danach suchen beide eine gemeinsame Lösung. Wie immer bemüht man sich vordringlich um eine Schlichtung. Wenn der Arbeitgeber die Beschwerde nicht für berechtigt hält, ruft der Betriebsrat die Einigungsstelle an. Wie schon weiter oben erklärt, ist die Einigungsstelle eine Instanz, die einschreitet, wenn sich Arbeitgeber und Betriebsrat nicht einigen können. Als letztes Mittel kann der Betriebsrat nach § 104 BetrVG vom Arbeitgeber die Versetzung oder gar Kündigung eines Mobbers verlangen, wenn der Betriebsfrieden wiederholt und ernsthaft gestört wurde.

Unabhängig von diesen Möglichkeiten sollten sich einige der Mitglieder des Betriebsrates als Konfliktlotsen schulen lassen (also entsprechende Fortbildungsangebote nutzen). Zudem kann der Betriebsrat darauf hinwirken, dass eine Betriebsvereinbarung gegen Mobbing in der Firma verabschiedet wird. In einer großen Firma sollten besondere Ansprechpartner für Konfliktgespräche bereitstehen (betriebliche Anlaufstelle). Die Mitarbeiter müssen wissen, an wen sie sich im Konfliktfall wenden können.

Als Kollege/Kollegin aktiv werden

Vielleicht haben Sie bemerkt, dass ein Kollege ins Kreuzfeuer geraten ist. Womöglich finden Sie, dass es ihm „recht geschieht", und Sie mögen ihn vielleicht auch nicht. Oder der Fall ist Ihnen schlicht egal. Vielleicht haben Sie aber auch

Angst, selbst zur Zielscheibe zu werden. Letztendlich ist es Ihnen überlassen, ob Sie zum Mitläufer und Wegbereiter werden oder aus Angst wegschauen. Wenn Sie aber die nötige Zivilcourage aufbringen und helfen wollen, dann haben Sie dazu verschiedene Möglichkeiten.

> Bevor Sie als Kollege einschreiten, machen Sie sich ein möglichst neutrales Bild der Situation. Bemühen Sie sich, nicht in den Konflikt mit hineingezogen und verstrickt zu werden.

Das können Sie als Mitarbeiter tun, wenn Kollegen gemobbt werden:

- Die betroffene Person ansprechen
- Ihr raten, sich Hilfe zu holen
- Ihr emotionale Unterstützung anbieten
- Sie eventuell bei Klärungsgesprächen begleiten
- Intrigen nicht unterstützen
- Destruktives Verhalten aufdecken und verdeutlichen
- Partei für die betroffene Person ergreifen (aber erst nachdem Sie sich einen Überblick verschafft haben!)
- Mitläufer ansprechen und sensibilisieren
- Opfer über Gerüchte und üble Nachrede informieren

Beispiel

Frau W. bemerkt, dass einige Kollegen sich gegen Frau R. verbünden und sie ausgrenzen. Sie informiert sich zunächst genau, worum es geht und was Frau R. vorgeworfen wird. Sie hält die Vorwürfe für nicht gerechtfertigt und bemüht sich um Aufklärung. Die Kollegen versuchen Frau W. auf ihre Seite zu ziehen und traktieren sie mit haltlosen Gerüchten. Frau W. lässt sich darauf nicht ein und macht das auch deutlich. Da sie im Betrieb stark respektiert wird, akzeptiert man ihren Standpunkt. Als zwei der Kollegen versuchen, den Dienstplan zu Ungunsten von Frau R. zu ändern, schreitet sie ein. Gemeinsam geht sie mit Frau R. zum Abteilungsleiter. Es kommt zu einem Schlichtungsgespräch.

Auf einen Blick: Vorgesetzte und Kollegen

- Als Führungskraft können Sie nach einer Situationsanalyse ein Schlichtungsgespräch führen. Sie haben auch die Option, disziplinarische Maßnahmen durchzuführen, um das Mobbing zu unterbinden.

- Eine Betriebsvereinbarung gegen Mobbing trägt zur Prävention bei.

- Die Interessenvertretung kann bei Mobbing als Vermittler dienen. Es empfiehlt sich, einige Betriebsratmitglieder als Konfliktberater zu schulen.

- Als Kollege können Sie Zivilcourage beweisen und dem Betroffenen beistehen. Aber Vorsicht! Passen Sie auf, dass Sie dabei nicht selbst zwischen die Fronten geraten.

Hilfsangebote

Kirchlicher Dienst in der Arbeitswelt (KDA): www.kda-ekd.de

Mobbing Hotline Nordrhein-Westfalen:
www.komnet.nrw.de/mobbingline, Tel.: 01803-100 113

Deutscher Gewerkschaftsbund (DGB): www.dgb.de

Selbsthilfegruppen NAKOS: www.nakos.de/site

Bundesanstalt für Arbeitsschutz und Arbeitsmedizin (BAUA):
www.baua.de

Initiative Neue Qualität der Arbeit (INQA): www.inqa.de

Universität Vechta, Personalrat, mit bundesweiter Zusam-
menstellung von Beratungsstellen (unter dem Menüpunkt
Arbeitsrecht/Mobbing/Kontakte):
www.personalrat.uni-vechta.de

Kommentiertes Literaturverzeichnis

Leymann, Heinz: Mobbing. Psychoterror am Arbeitsplatz und wie man sich dagegen wehren kann, Hamburg, 1993
Der Klassiker der Mobbingliteratur: Ein deutscher Psychologe forscht in Skandinavien und bringt das Thema erstmals in den 1990er Jahren an die breite Öffentlichkeit.

Esser, Axel/Wolmerath, Martin: Mobbing. Der Ratgeber für Betroffene und ihre Interessenvertretung, Frankfurt, 1997
Ein Jurist und ein Psychologe beleuchten u.a. besonders ausgiebig die rechtlichen Aspekte des Mobbings.

Hirigoyen, Marie-France: Mobbing. Seelische Gewalt am Arbeitsplatz und wie man sich dagegen wehrt, München, 2004
Ein Buch zur Vertiefung: Die französische Ärztin und Psychoanalytikerin hat einen überwiegend tiefenpsychologischen Erklärungsansatz der Hintergründe und Ursachen.

Meschkutat, B./Stackelbeck, M./Langenhoff, G.: Der Mobbing-Report. Eine Repräsentativstudie für die Bundesrepublik Deutschland, Schriftenreihe der Bundesanstalt für Arbeitsschutz und Arbeitsmedizin, Dortmund/Berlin, 2002
Die größte Studie zum Thema im deutschen Sprachraum. Frei zur Verfügung im Internet auf der Seite der Bundesanstalt für Arbeitsschutz und Arbeitsmedizin:
www.baua.de/de/Publikationen/Forschungsberichte/2002/Fb9 51.html

Stichwortverzeichnis

Bibliografische Information der Deutschen Nationalbibliothek

Die Deutsche Nationalbibliothek verzeichnet diese Publikation in der Deutschen Nationalbibliografie; detaillierte bibliografische Daten sind im Internet über http://dnb.d-nb.de abrufbar.

ISBN 978-3-648-01110-2
Bestell-Nr. 00362-0001

© 2011, Haufe-Lexware GmbH & Co. KG, Munzinger Straße 9, 79111 Freiburg
Redaktionsanschrift: Fraunhoferstraße 5, 82152 Planegg
Fon (0 89) 8 95 17-0, Fax (0 89) 8 95 17-2 50
E-Mail: online@haufe.de
Internet: www.haufe.de
Redaktion: Jürgen Fischer

Alle Rechte, auch die des auszugsweisen Nachdrucks, der fotomechanischen Wiedergabe (einschließlich Mikrokopie) sowie der Auswertung durch Datenbanken oder ähnliche Einrichtungen vorbehalten.

Konzeption und Realisation: Sylvia Rein, 81371 München
Lektorat: Jan W. Haas, 10405 Berlin; Sylvia Rein, 81371 München
Umschlaggestaltung: Kienle gestaltet, 70178 Stuttgart
Druck: freiburger graphische betriebe, 79108 Freiburg

Der Autor

Dr. med. Christian Stock

Facharzt für Innere und Psychotherapeutische Medizin, Leitender Oberarzt in einer Psychosomatischen Fachklinik, Lehrtrainer (DVNLP), Klinische Hypnose (M.E.G.), EMDR (EMDRIA), Coaching mit den Schwerpunkten Burnout, Mobbing und Stressbewältigung, Supervision. Nebenberuflich ist er in freier Praxis in Bielefeld tätig.

Internet: www.stockseminare.de
Kontakt: c.stock@onlinehome.de

Weitere Literatur

„Stressmanagement", von Matthias Meifert, Christine Kentzler und Julia Richter. 200 Seiten, € 24,95.
ISBN 978-3-448-08741-3, Bestell-Nr. 00179

„Das Lotusblütenprinzip. Gelassenheit im Job durch den Abperl-Effekt", von Thomas Augspurger, 192 Seiten, € 19,80.
ISBN 978-3-448-09279-0, Bestell-Nr. 00207

„Vertrauen. Wie man es aufbaut. Wie man es nutzt. Wie man es verspielt", von Matthias Nöllke, 224 Seiten, € 19,80.
ISBN 978-3-448-09591-3, Bestell-Nr. 00128

WIEBKE SPONAGEL

Runterschalten!

Selbstbestimmt arbeiten –
gelassener leben

Rückenwind für den Kurswechsel

Weniger Stress, sinnvollere Arbeit und mehr
Zeit für sich selbst? Wiebke Sponagel zeigt,
wie Sie runterschalten und zu neuer Selbst-
bestimmung und Ausgeglichenheit finden.
Mit vielen Übungen aus der Coachingpraxis.

€ 19,80 [D]
ca. 224 Seiten
ISBN 978-3-648-01288-8
Bestell-Nr. E00293

Jetzt bestellen!
www.haufe.de/bestellung
oder in Ihrer Buchhandlung

Tel. 0180-50 50 440; 0,14 €/Min. aus dem deutschen Festnetz;
max. 0,42 €/Min. mobil. Ein Service von dtms.

HAUFE.

Aufgeben gilt nicht

Rückschläge und Krisen machen vor niemandem halt. Doch entscheidend ist, wie Sie mit ihnen umgehen. Hier erfahren Sie, wie Sie widrigen Umständen trotzen und aus Rückschlägen Erfolge machen. Mit vielen Best-Practice-Beispielen aus Wirtschaft und Sport.

€ 19,80 [D]
ca. 224 Seiten
ISBN 978-3-648-00298-8
Bestell-Nr. E00284

Jetzt bestellen! www.haufe.de/bestellung
oder in Ihrer Buchhandlung

Tel. 0180-50 50 440; 0,14 €/Min. aus dem deutschen Festnetz;
max. 0,42 €/Min. mobil. Ein Service von dtms.

HAUFE.

Haufe TaschenGuides

Kompakte Informationen zum kleinen Preis

 Der Betrieb in Zahlen

- ABC des Finanz- und Rechnungswesens
- 400 Mini-Jobs
- Balanced Scorecard
- Betriebswirtschaftliche Formeln
- Bilanzen
- BilMoG
- Buchführung
- Businessplan
- BWL Grundwissen
- BWL kompakt
- Controllinginstrumente
- Deckungsbeitragsrechnung
- Einnahmen-Überschussrechnung
- Finanz- und Liquiditätsplanung
- Formelsammlung Betriebswirtschaft
- Formelsammlung Wirtschaftsmathematik
- Die GmbH
- IFRS
- Kaufmännisches Rechnen
- Kennzahlen
- Kontieren und buchen
- Kostenrechnung
- Statistik
- VWL Grundwissen

 Mitarbeiter führen

- Besprechungen
- Checkbuch für Führungskräfte
- Führungstechniken
- Die häufigsten Managementfehler
- Management
- Managementbegriffe
- Mitarbeitergespräche
- Moderation

- Motivation
- Projektmanagement
- Qualitätsmanagement
- Spiele für Workshops und Seminare
- Teams führen
- Workshops
- Zielvereinbarungen und Jahresgespräche

 Karriere

- Assessment Center
- Existenzgründung
- Gründungszuschuss
- Jobsuche und Bewerbung
- Vorstellungsgespräche

Geld und Specials

- Sichere Altersvorsorge
- Energie sparen im Haushalt
- Energieausweis
- Geldanlage von A–Z
- Immobilien erwerben
- Immobilienfinanzierung
- Meine Ansprüche als Rentner
- Die neue Rechtschreibung
- Eher in Rente
- Web 2.0
- Zitate für Beruf und Karriere
- Zitate für besondere Anlässe

 Persönliche Fähigkeiten

- Allgemeinwissen Schnelltest
- Ihre Ausstrahlung
- Burnout
- Business-Knigge
- Mit Druck richtig umgehen